Creo Parametric 4.0 für Einsteiger – kurz und bündig

Sándor Vajna (Hrsg.)
Andreas Meyer

Creo Parametric 4.0 für Einsteiger – kurz und bündig

Grundlagen mit Übungen

5., aktuelle und erweiterte Auflage

Springer Vieweg

Herausgeber
Sándor Vajna
Weinheim, Deutschland

Andreas Meyer
Otto-von-Guericke-Universität
Magdeburg, Deutschland

ISBN 978-3-658-20436-5 ISBN 978-3-658-20437-2 (eBook)
https://doi.org/10.1007/978-3-658-20437-2

Die Deutsche Nationalbibliothek verzeichnet diese Publikation in der Deutschen Nationalbibliografie; detaillierte bibliografische Daten sind im Internet über http://dnb.d-nb.de abrufbar.

Springer Vieweg

Verantwortlich im Verlag: Thomas Zipsner

Gedruckt auf säurefreiem und chlorfrei gebleichtem Papier

Springer Vieweg ist Teil von Springer Nature
Die eingetragene Gesellschaft ist Springer Fachmedien Wiesbaden GmbH
Die Anschrift der Gesellschaft ist: Abraham-Lincoln-Str. 46, 65189 Wiesbaden, Germany

Vorwort

Am Lehrstuhl für Maschinenbauinformatik der Otto-von-Guericke-Universität Magdeburg werden Studenten seit über 20 Jahren an verschiedenen führenden CAx-Systemen ausgebildet. Um die Spezialisierung auf ein CAx-System zu vermeiden, bearbeiten die Studenten einen Kanon von Übungsbeispielen auf mindestens vier verschiedenen CAx-Systemen. Die Reihe „kurz und bündig" nutzt die vielfältigen Erfahrungen aus dieser Ausbildung und stellt die Erfahrungen einem breiten Publikum (Leserschaft) zur Verfügung.

Im vorliegenden Buch werden dem Leser die Grundlagen der parametrischen und featurebasierten 3D-Modellierung mit dem CAx-System PTC Creo 4.0 vermittelt. Die fünfte Auflage berücksichtigt dabei nicht nur die Veränderungen in Creo 4.0, sondern nimmt auch Anregungen aus dem Leserkreis auf. Neu ist das Beispiel Rohrzange, dass das Beispiel Kugelhahn aus der vorangegangenen Auflage ersetzt. Außerdem wird dem Leser im zweiten Kapitel eine Vorgehensweise an die Hand gegeben, die das Erstellen von komplexen Skizzen erleichtern soll.

Der Fokus liegt auf einer kurzen und verständlichen Darstellung der grundlegenden Modellierungstechniken, beginnend mit einfachen Bauteilen. In den weiteren Kapiteln wird die Verknüpfung von Einzelteilen zu Baugruppen, die Ableitung technischer Zeichnungen sowie die Erzeugung von Flächenmodellen behandelt. Den Abschluss des Buches bildet ein Kapitel zur Blechteilerzeugung.

Durch den Aufbau des Textes in Tabellenform kann das Buch nicht nur als Schritt-für-Schritt-Anleitung, sondern auch als Referenz für die tägliche Arbeit mit dem Creo 4.0 genutzt werden.

Das Buch wendet sich an Leser mit keiner oder geringer Erfahrung in der Anwendung von CAx-Systemen. Es soll das Selbststudium unterstützen und die weitere Beschäftigung mit der Software anregen.

Der Autor dankt Herrn Prof. Dr.-Ing. Dr. h.c. Vajna, dem langjährigen Leiter des Lehrstuhls für Maschinenbauinformatik Otto-von-Guericke-Universität Magdeburg und Herausgeber der „kurz-und-bündig"-Reihe, für die Unterstützung und die Ermöglichung dieses Buch schreiben zu können. Der Autor ist dankbar für jede Anregung aus dem Kreis der Leser zu Inhalt des Buches. Weiterer Dank geht an Herrn Thomas Zipsner, Frau Imke Zander sowie alle beteiligten Mitarbeiter des Verlags Springer Vieweg für die engagierte und sachkundige Zusammenarbeit bei der Erstellung der 5. Auflage PTC Creo 4.0 für Einsteiger – kurz und bündig.

Magdeburg im Oktober 2017 Dipl.-Ing. Andreas Meyer

Inhaltsverzeichnis

1 Allgemeine Einführung

PTC Creo ist ein CAx-System, das in der Produktentwicklung eingesetzt wird. Das vorliegende Buch gibt einen Überblick über folgende Grundlagen bei der Anwendung des CAx-Systems PTC Creo 4.0:

- Entwicklung von 3D-Bauteilen durch Volumen- und Flächenmodellierung
- Erstellen von Baugruppen
- Grundlagen der Zeichnungserstellung
- Erweiterte Flächenmodellierung
- Grundlagen der Blechteilmodellierung

Creo verwendet einen parametrischen Modellierer, der sich durch folgende Kriterien auszeichnet:

- die direkte Manipulierbarkeit der Elemente (Features) inklusive einer Überprüfung auf Konsistenz und Erzeugbarkeit der geänderten Elemente
- die Möglichkeit des Aufbringens technologischer Informationen an den Elementen (z. B. Bearbeitungsvorgaben, geometrische Toleranzen)
- eine Baumstruktur, in der direkt erzeugte Elemente angewählt werden können
- die Möglichkeit des regelbasierenden (wissensbasierenden) Konstruierens durch die Integration von Abhängigkeiten zwischen einzelnen Parametern

Im Programm bildet ein Skizzenmodus, der sog. Sketcher, eine Basis für eine vorläufig zweidimensionale, automatisch bemaßte Skizze. Die Art der Bemaßung kann vom Anwender an entsprechende Anforderungen und Richtlinien, bspw. für die Fertigung, angepasst werden. Aus der regenerierten Skizze entsteht bspw. durch Profilverschiebung, Rotation oder Ziehen (entlang einer vorgegebenen Kurve) ein Flächenmodell oder Volumenkörper. Daher kann von einem „skizzenorientierten" Prinzip gesprochen werden. Das „Skizzieren" hat sich als eine elegante und schnelle Entwurfsmethode herausgestellt.

1.1 Grundlegende Begriffe

Begriff	**Erläuterung**
LMB	(Left Mouse Button), linke Maustaste
MMB	(Middle Mouse Button), mittlere Maustaste
RMB	(Right Mouse Button), rechte Maustaste
Button	beschriftetes Feld zum Ein-/Ausschalten von Funktionalitäten
Icon	graphisches Feld zum Ein-/Ausschalten von Funktionalitäten
Selektieren	Auswählen eines Geometrieobjektes mit der Maus
DTM	[Datum Plane] Bezugsebene zur Platzierung der Skizzen

Zur besseren Übersichtlichkeit der im Buch beschriebenen praktischen Beispiele wurden verschiedene Formatvorlagen verwendet. Die folgende Tabelle zeigt und erläutert die im Buch verwendeten Konventionen:

Konvention	**Erläuterung**	**Beispiel**
(...)	Hinweis oder Erläuterung einer Aktion zum besseren Verständnis	(mehrere Elemente mit STRG + LMB wählen)
Fett	Windows-Fenster mit Nennung der Fensterüberschrift	**Referenzen**
GROSSBUCHSTABEN	Symbolleisten, Bereiche der Programmoberfläche, Menüpunkte...	MENÜLEISTE, ARBEITSFENSTER
Kursiv	Funktionen, Drop-Down-Menüs, Iconbezeichnung (Schaltfläche)	*Speichern, Drehen*
→	Aktionen, die vom Programm automatisch ausgeführt werden	→ SKIZZIERANSICHT WIRD GEÖFFNET
⇒	Abfolgen von Aktionen, die nacheinander ausgeführt werden	DATEI ⇒ *Öffnen*
<Wert>	Tastatureingabe eines Zahlenwertes	<120>
<Name>	Eingabe der Zeichenkette „Name“	<yes>

1.2 Benutzungsoberfläche

Die wichtigsten Elemente im neuen Creo Hauptarbeitsfenster sind im folgenden Bild dargestellt.

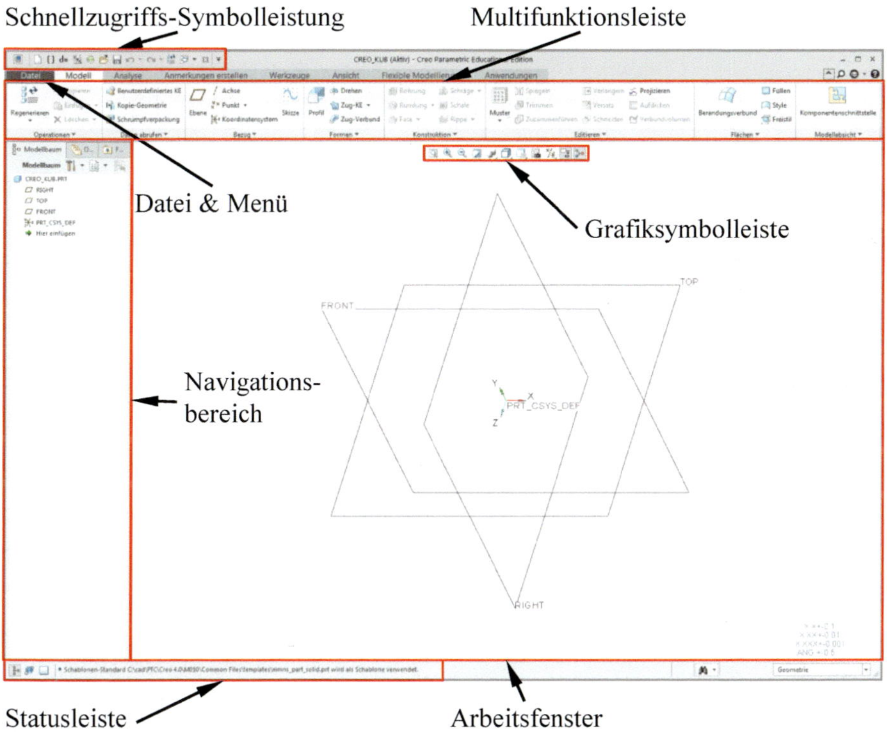

1.3 Schnellzugriffs-Symbolleiste

Aufgrund der Menüführung in Creo, sind immer nur die zu einer Gruppe gehörenden Buttons sichtbar (z. B. alle Buttons zum Thema „Analyse"). Um dem Anwendern die Möglichkeit zu geben, bestimmte Buttons permanent, also unabhängig von den in der Multifunktionsleiste gerade aktiven Buttons darzustellen, existiert die Schnellzugriffs-Symbolleiste. Hier sind standardmäßig bestimmte Funktionen, wie *Öffnen*, *Speichern* abgelegt. Weiterhin können durch den Anwender zusätzliche Buttons hinzugefügt werden.

1.4 Datei & Menü

Die Schaltfläche Datei enthält die wichtigsten Befehle zum Anlegen, Öffnen und Speichern von Dateien. Weiterhin finden sich hier sowohl die Funktionen zur Dateiverwaltung als auch die Optionen zum Konfigurieren von Creo.

Neu	Erstellt ein neues Objekt, dieses ist damit „in Sitzung“ (im Arbeitsspeicher des Systems). Neue Objekte sind z. B. Part, Drawing, Assembly... Für neue Objekte darf nicht der gleiche Name wie für ein “in Sitzung” befindliches Objekt vergeben werden.
Öffnen	Ein vorhandenes Objekt öffnen (dies ist damit „in Sitzung“).
Speichern	Sichert das aktuelle Objekt im Arbeitsverzeichnis. Creo versioniert die gespeicherten Objekte bei jedem Speichervorgang. Hinter die Endung wird jeweils eine entsprechende Versionsnummer gesetzt. *Bauteil.prt = Speichervorgang 1* *Bauteil.prt.1 = Speichervorgang 2* *Bauteil.prt.x = Speichervorgang (x+1)*
Speichern als	Legt eine Kopie des aktuellen Objekts an. Die Kopie darf nicht den gleichen Namen wie ein „in Sitzung“ befindliches Objekt besitzen. Das Objekt kann durch Auswahl des entsprechenden Dateityps in neutrale Datenformate (STL, IGES, STEP, STL, VRML, VDAFS...) exportiert werden.
Schließen	Schließt das Anzeigefenster des aktuellen Objekts. Das Objekt bleibt aber in Sitzung.
Datei verwalten	Hier finden sich wichtige Funktionen wie: • Umbenennen des aktuellen Objekts • Löschen von Versionen des aktuellen Objekts
Vorbereiten	Hier finden sich wichtige Funktionen wie: • Editieren der Modelleigenschaften • Durchführen eines ModelCHECKs

Sitzung verwalten	Hier finden sich wichtige Funktionen wie: • Anzeigen aller in Sitzung befindlichen Objekte (Objektliste) • Löschen nicht angezeigter Objekte. Hiermit werden alle in Sitzung befindlichen aber nicht geöffneten Objekte aus der Sitzung entfernt • Auswahl des Arbeitsverzeichnisses
Optionen	Zugriff auf die Konfigurationsdatei config.pro. In dieser Datei sind Konfigurationseinstellungen gespeichert. Diese können geändert werden (z. B. mit Hilfe des Konfigurationseditors), um Creo an die eigenen Bedürfnisse anzupassen. In der config.pro sind alle Einstellungen (Einheiten, Ausgabeformate, Linienstärken...) gespeichert. Befindet sich die config.pro im bei der Installation angegebenen Startverzeichnis, wird diese beim Programmstart automatisch geladen.
Beenden	Beendet Creo. Vor dem Beenden erfolgt eine Sicherheitsabfrage.

1.5 Multifunktionsleiste

Die Multifunktionsleiste ist das Kernstück der Benutzungsoberfläche in Creo und dürfte von ihrem Konzept her aus aktuellen Office-Produkten als „Ribbon" bekannt sein.

In der Multifunktionsleiste sind auf verschiedenen Registrierkarten jeweils funktional zusammengehörige Funktionen abgelegt. Je nach Modus sind bestimmte Registrierkarten nicht verfügbar, bzw. es werden weitere Registrierkarten angezeigt.

Zu beachten ist, dass abgeblendet dargestellte Icons momentan nicht aktiv sind und somit nicht angewählt werden können. Dies kann daran liegen, dass bestimmte Aktionen im aktuellen Modellzustand nicht möglich sind oder dass bestimmte Funktionen mit dem aktuell selektierten Konstruktionselement (KE) nicht durchgeführt werden können.

1.5.1 Registrierkarte MODELL

Die Registrierkarte MODELL enthält die Befehle zum Erstellen und Bearbeiten von Geometrie. Die wichtigsten Befehle sind:

Regenerieren	Jedes KE wird dabei neu erzeugt und auf die Erfüllung vorhandener Regeln überprüft. Das Regenerieren nach Änderungen ist von Vorteil, da die Ergebnisse der Änderungen im ARBEITSFENSTER nicht zu sehen sind. Standardmäßig erfolgt das Regenerieren automatisch.
Bezugs-elemente	Erzeugt Bezugsebenen, Bezugsachsen, Bezugspunkte und Bezugskoordinatensysteme, welche z. B. als Hilfsgeometrie für die Erzeugung von KEs verwendet werden können.
Skizze	Erzeugt eine gezeichnete Skizze, die zum Erzeugen von Geometrie verwendet werden kann.
Profil	Erzeugt ein KE durch das Projizieren eines Querschnitts in einem Abstand senkrecht zur Skizzierebene.
Drehen	Erzeugt ein KE durch das Drehen eines Querschnitts um eine Rotationsachse.
Bohrung	Erstellt Standardbohrungen sowie benutzerdefinierte Bohrungen.
Rundung	Verbindet zwei Flächen mit Hilfe eines Bogens.
Fase	Verbindet zwei Flächen mit Hilfe einer Schrägen Kante.
Schale	Erzeugt einen Hohlkörper aus einem Volumenkörper, indem dieser bis auf eine definierte Wandstärke ausgehöhlt wird.
Muster	Erstellt Muster von KEs z. B. zum Erzeugen von Bohrungen auf einem Lochkreis.
Spiegeln	Spiegelt Konstruktionselemente (KE) an einer Ebene. Erleichtert das Modellieren symmetrischer Bauteile.

1.5.2 Registrierkarte ANALYSE

Die Registrierkarte ANALYSE enthält unter anderem Befehle zur Analyse von Volumenmodellen, von Konstruktionsfeatures und von Geometrie sowie zur Simulation eines virtuellen Objekts. Die wichtigsten Befehle in der Registrierkarte ANALYSE:

Abstand	Abstände zwischen zwei Elementen messen. Standardmäßig wird der kürzeste Abstand im Raum gemessen. Es lassen sich aber auch maximale Abstände oder projizierte Abstände ermitteln.
Länge	Länge der gewählten Kante oder Kurve messen.

Flächeninhalt	Den Flächeninhalt beliebiger Flächen auf dem Bauteil, einer Sammelfläche oder gewählten Flächen messen.
Durchmesser	Den Durchmesser beliebiger Flächen messen, die durch Rotation eines skizzierten Elements oder durch Verlängern von Bögen oder Kreisen erzeugt wurden.
Winkel	Den Winkel zwischen zwei Elementen messen. Bei den Elementen kann es sich um Achsen, planare Kurven oder planare nicht-lineare Kanten handeln.
Volumen	Bestimmung des Modellvolumens.
Masseneigenschaften	Bestimmung der Masse des Modells.

1.5.3 Registrierkarte ANMERKUNGEN ERSTELLEN

Auf der Registrierkarte ANMERKUNGEN ERSTELLEN finden sich die Funktionen zum Anbringen von Anmerkungen sowie geometrischen Toleranzen.
Die wichtigsten Befehle im Menü ANMERKUNGEN ERSTELLEN:

Anmerkungs-KE	Erstellt Anmerkungen im Modell.
Geometrische Toleranz	Zum Erstellen von geometrischen Toleranzen, welche anschließend im Zeichnungsmodus verwendet werden können.

1.5.4 Registrierkarte ANSICHT

Die Registrierkarte ANSICHT enthält Befehle zur Veränderung der Darstellung des Modells sowie der Bezugselemente. Weiterhin können Folien verwaltet werden.
Die wichtigsten Befehle auf der Registrierkarte ANSICHT:

Folien	Anlegen, Verwalten von Folien.
Benannte Ansichten	Verändert die Orientierung des Objekts im 3D-Raum.
Farbeffekte-Galerie	Ermöglicht es, einem Objekt oder einzelnen KEs Farben oder Farbeffekte zuzuweisen.
Ansichten verwalten	Ermöglicht das Erzeugen von Schnitten für die Zeichnungserstellung, das Orientieren der Darstellung und die Definition vereinfachter Darstellungen.

Darstellungsstil	Ermöglicht die Umstellung zwischen verschiedenen Darstellungsstilen, wie schattiert, Drahtmodell, usw.
Schnitt	Schneidet das Modell durch ein Referenzelement, wie eine Ebene, ein Koordinatensystem oder eine planare Fläche.
	Ermöglicht das Aktivieren bzw. Deaktivieren der verschiedenen Bezugselemente.

1.5.5 Registrierkarte ANWENDUNGEN

Über die Registrierkarte ANWENDUNGEN können zusätzliche Module gestartet werden. Die dort verfügbaren ANWENDUNGEN sind abhängig von den installierten Zusatzmodulen. Mögliche Applikationen sind:

Simulate	Berechnungsprogramm, um z. B. statische und dynamische Festigkeitsberechnungen von Bauteilen durchzuführen.
Simulate Ergebnisse	Zur Darstellung der Ergebnisse von mit Creo Parametric erstellten Analysen und Konstruktionsstudien.
Mechanismus	Zur Erstellung von Bewegungsabläufen. Erlaubt die Bestimmung physikalischer Größen der Bewegungssimulation (nur im Zusammenbau verwendbar).
Fotorealistische Abbildung	Hinzufügen von Farbeffekten und Szenen, um fotorealistische Abbildungen zu erzeugen (Rendern).

1.6 Navigationsbereich

In diesem Fenster kann zwischen MODELLBAUM, ORDNERBROWSER und FAVORITEN navigiert werden.

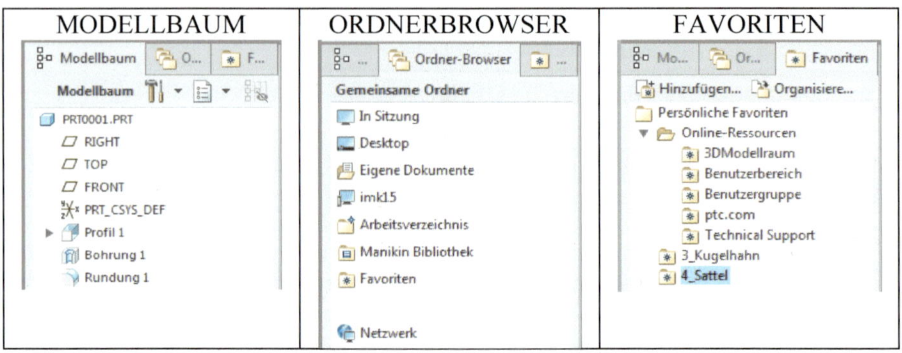

1.6.1 MODELLBAUM

Der MODELLBAUM enthält alle erzeugten Konstruktionselemente/Features [KEs]. Die jeweiligen KEs sind im MODELLBAUM in Erzeugungsreihenfolge aufgelistet. Der MODELLBAUM bietet einen Überblick über die Entstehungsgeschichte des Modells und ermöglicht einen schnellen Zugriff auf alle KEs. KE mit RMB oder LMB selektieren, daraufhin erscheint ein Menü mit weiteren Funktionen:

Bemaßungen editieren	Bemaßungen des Bauteils können editieren werden, ohne dass das Schaltpult des entsprechenden KEs geöffnet werden muss.
Definition editieren	Mit dieser Funktion können alle Definitionen, die bei der Erzeugung des KEs getroffen werden; editiert werden, z. B.: Skizze, Richtung der Extrusion oder Winkelwert der Rotation.
Referenzen editieren	KE kann auf andere Bezugs- bzw. Geometrieelemente referenziert werden.
Unterdrücken	Das Unterdrücken von KEs hat die gleiche Wirkung wie das temporäre Entfernen aus der Regenerierung. Unterdrückte KEs werden nicht mehr im Modell berücksichtigt, sind jedoch nicht gelöscht. Das Unterdrücken von KEs kann jederzeit wieder aufgehoben werden (RMB auf KE ⇒ Zurückholen).
Kopieren	Ermöglicht das Kopieren des KEs und die Auswahl von neuen Referenzen dieser Kopie.
Löschen	Entfernt ein KE. Alle späteren Elemente, die auf das gelöschte KE referenziert sind, werden ebenfalls gelöscht (im Modellbaum wird daraufhin markiert, welche KEs gelöscht werden).
Umbenennen	Umbenennen des KEs.
Info	Information zum KE, zu Eltern-KEs und Kind-KEs

1.6.2 ORDNERBROWSER

Ähnlich dem Microsoft-Explorer kann hiermit auf alle verfügbaren Dateien zugegriffen werden. Der Inhalt des jeweiligen Ordners wird in einem sich rechts davon öffnenden Fenster angezeigt. Die gewünschte Datei kann einfach per Drag & Drop im ARBEITSFENSTER geöffnet werden.

1.6.3 FAVORITEN

Hiermit ist ein schneller Zugriff auf häufig benötigte Ordner möglich. Diese Ordner müssen zuvor als Favoriten angelegt werden. Dies ist im ORDNERBROWSER möglich, indem mit RMB auf den gewünschten Ordner geklickt wird und im erscheinenden Kontextmenü die Funktion *Zu Favoriten hinzufügen* gewählt wird.

Weiterhin sind unter den Favoriten Lösungsseiten und -dienste sowie andere wichtige Verbindungen der Firma Parametric Technology (PTC) verlinkt.

1.7 ARBEITSFENSTER

Im ARBEITSFENSTER wird das aktuelle Objekt interaktiv dargestellt. Das dargestellte Modell kann gedreht, vergrößert, verkleinert und verschoben werden (siehe Abschnitt Maussteuerung, Abschnitt 1.11). Bei Doppelklick mit LMB auf ein KE kann dessen Bemaßung geändert werden. Mit RMB auf ein KE können Informationen zum KE oder Editierfunktionen aufgerufen werden.

1.8 STATUSLEISTE

Unterhalb des ARBEITSFENSTERS befindet sich die STATUSLEISTE mit dem MITTEILUNGSFENSTER, in dem System- sowie Befehlsinformationen ausgegeben werden. Das Fenster dient nicht nur als wichtiges Informationsmedium des Programms, sondern gleichzeitig als Eingabemedium für den Benutzer.

Creo gibt immer eine Auskunft, welcher Schritt notwendig ist bzw. was das System vom Benutzer erwartet. Bei der Eingabe von verlangten Namen oder Werten ist zu beachten, dass der in eckigen Klammern stehende Name oder Wert bei Bestätigen mit der Enter-Taste oder der MMB (mittleren Maustaste) ohne vorangegangene Eingabe übernommen wird. Folgende Kategorien werden in der Statusleiste angezeigt:

Eingabe, Information, Fehler, Warnungen, Laufende Berechnung

1.9 SCHALTPULT

Im SCHALTPULT werden je nach gewähltem KE-Tool die für die Erzeugung benötigten Funktionen dargestellt. Im linken Bereich sind die Funktionen, die zur Definition des KEs benötigt werden, z. B. Erzeugung eines Schnitts, Eingabe von Materialdicken, Radien, Rotationswinkel usw. Im rechten Bereich (KE-Steuerung) gibt es folgende Funktionen:

	Pause	Unterbricht die Arbeit im aktuellen Tool/KE-Erzeugung.
	Fortsetzen	Setzt die Arbeit im aktuellen Tool fort.
	Vorschau	Erzeugt eine Vorschau der bereits definierten Geometrie.
	OK	Bestätigen der Definitionen und Erzeugen des KEs.
	Abbrechen	Erzeugung des KEs abbrechen.

Das untere Bild zeigt ein SCHALTPULT, welches bei dem Feature *Profil* erscheint.

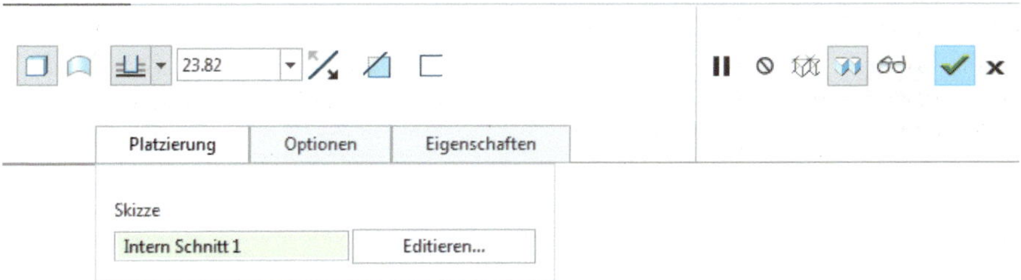

1.10 GUI anpassen

Die GUI von Creo kann den eigenen Wünschen angepasst werden. Dazu: RMB auf die Multifunktionsleiste ⇒ Funktion *Multifunktionsleiste anpassen.* Im erscheinenden Fenster kann die Oberfläche von Creo angepasst werden.

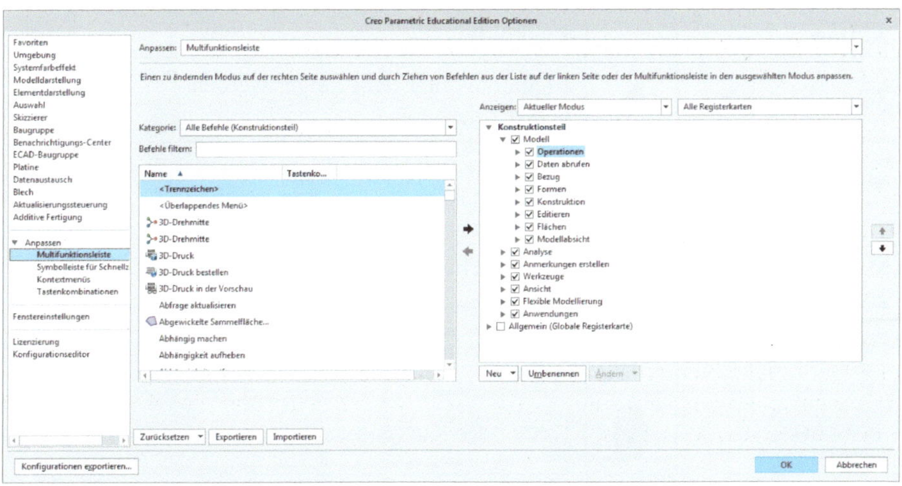

1.11 Maussteuerung

Die folgenden Tabellen geben einen Überblick über die wichtigsten Funktionen der Maussteuerung

3D-Modi	(MMB ziehen)	**2D-Modi**	
3D-Drehen		Verschieben	
Verschieben	UMSCHALT +	Zoomen	STRG +
Zoomen	STRG +		
Drehen	STRG +		

2D- und 3D-Modi	(MMB ziehen)
Zoomen	
Fein-Zoomen	UMSCHALT +
Grob-Zoomen	STRG +

Aktion		**Ergebnis**
Zeiger bewegen		Elemente unter dem Zeiger werden hervorgehoben.
Mit RMB klicken		Durch die wählbaren Elemente unter dem Zeiger blättern und sie hervorheben
Mit LMB kicken		Hervorgehobenes Element wird gewählt.
STRG +		Elemente hinzufügen/ entfernen
UMSCHALT +		Kette oder Kurvensatz wählen

[nach © Creo Kurzreferenz]

1.12 Dynamisches Mausmenü

Nachdem ein Konstruktionselement gewählt wurde, kann mit RMB ein Popup-Menü mit einer Liste möglicher Funktionen eingeblendet werden. Welche Funktionen eingeblendet werden, hängt vom gewählten Konstruktionselement ab. Mögliche Funktionen sind Löschen, Unterdrücken, Editieren, Definitionen editieren, Muster oder Radius.

1.13 Selektieren von Elementen

<table>
<tr><td>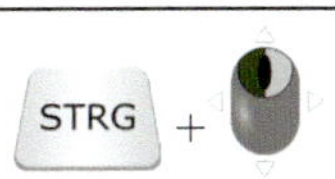
</td><td>Mit der Tastenkombination STRG + LMB können einzelne Elemente ausgewählt werden.</td></tr>
<tr><td colspan="2">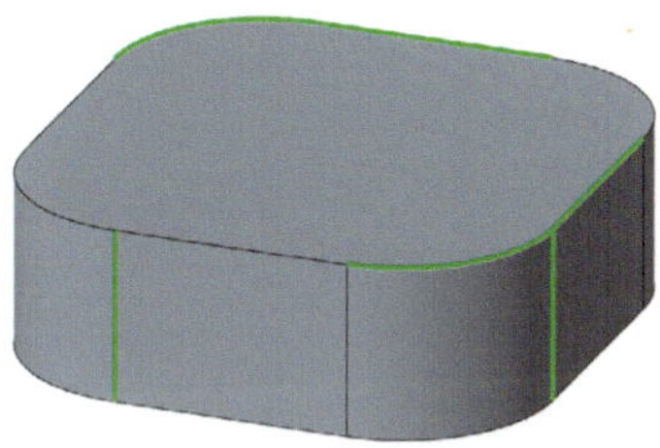</td></tr>
<tr><td>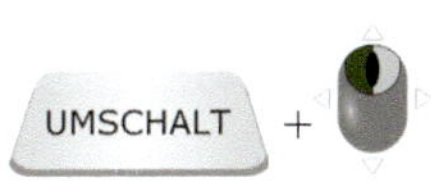
</td><td>Mit der Tastenkombination UMSCHALT+LMB können zusammengehörige Elemente (z. B. Kurvenzüge) ausgewählt werden. Mit LMB erstes Element selektieren ⇒ mit UMSCHALT+LMB erstes Element erneut selektieren ⇒ mit UMSCHALT+LMB weitere Elemente hinzuwählen.</td></tr>
<tr><td colspan="2">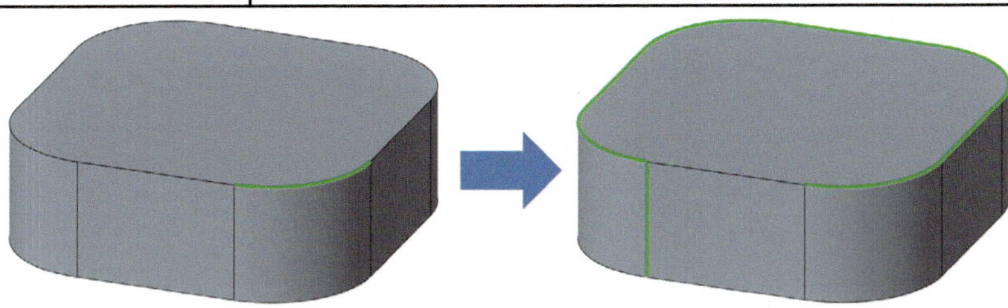</td></tr>
</table>

1.14 Datenverwaltung

Für jede PTC Creo-Sitzung gibt es ein Verzeichnis, das als Arbeitsverzeichnis bezeichnet wird. Aus diesem werden Daten geladen und gespeichert. Während der Installation wird ein bestimmtes Arbeitsverzeichnis voreingestellt, welches aber später wieder gewechselt werden kann. Entsprechend der Betriebsart, in der ein Datensatz erzeugt wurde, erhalten die Dateien eine von PTC Creo vorgegebene Endung (Suffix), z. B. <name>.prt.1. Da die Endungen durch einen Punkt vom eigentlichen Dateinamen getrennt werden, dürfen im Dateinamen keine Punkte vorhanden sein.

Beim Aufruf einer Datei mit Versionsnummer verwendet PTC Creo die Version mit der höchsten Nummer. Soll eine ältere Version geladen werden, muss der gesamte Dateiname mit Suffix eingegeben werden (z. B. <name>.prt.3). Die alten Versionen eines Objekts können über DATEI ⇒ DATEI VERWALTEN ⇒ *Alte Versionen löschen* entfernt werden. Dazu muss sich die Datei im aktuellen Arbeitsverzeichnis befinden und in der aktuellen Sitzung geladen sein.

Suffix	*.prt,	*.drw,	*.asm
Bedeutung	Teil (part)	Zeichnung (drawing)	Baugruppe (assembly)

1.14.1 Anlegen neuer CAD-Dateien

<table>
<tr><td>DATEI ⇒ Neu</td><td rowspan="2">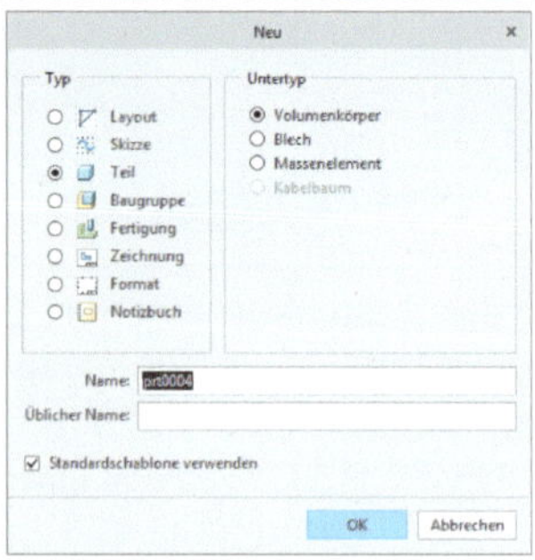
</td><td rowspan="2">Typ wählen ⇒ Untertyp wählen ⇒ Eingabe des Dateinamen ⇒ OK</td></tr>
<tr><td>SYMBOLLEISTE ⇒ </td></tr>
</table>

1.14.2 Öffnen bestehender CAD-Dateien

DATEI ⇒ *Öffnen*	Teil auswählen ⇒ *Öffnen*
SYMBOLLEISTE ⇒ 	

1.14.3 Speichern einer CAD-Datei

DATEI ⇒ *Speichern*	Eingabe des Dateinamen ⇒ *OK*
SYMBOLLEISTE ⇒ 	

1.14.4 Exportieren einer CAD-Datei

Creo bietet den Export in eine Vielzahl verschiedener Formate an. Alle wichtigen Formate wie IGES, STEP, VDA, STL werden natürlich unterstützt. Je nach gewähltem Exportformat können unterschiedliche Exportoptionen konfiguriert werden.

MENÜLEISTE ⇒ DATEI ⇒ *Speichern unter*	Verzeichnis wählen ⇒ Dateiname der Kopie wählen ⇒ Dateityp wählen ⇒ *OK*

1.15 Hinweise und Tipps

1.15.1 Protokollierung in der Trail-Datei

Die Trail-Datei, die von Creo automatisch erzeugt wird, enthält die Dokumentation aller durchgeführten Arbeitsschritte. Diese Datei kann nach eventuellen Systemausfällen zum Wiederherstellen des Modells herangezogen werden. Es ist jedoch darauf zu achten, dass veraltete Trail-Dateien gelöscht werden. Durch das Löschen dieser Daten wird Speicherplatz freigegeben. Daher bietet sich außerdem an, die Trail-Dateien in einem separaten Verzeichnis zu speichern.

- Anlegen eines Ordners, z. B. „trail"
- Konfigurationsdatei Öffnen: Datei ⇒ Optionen → das Fenster **Creo Parametric Optionen** öffnet sich im Fenster **Creo Parametric Optionen** die Funktion *Konfigurationseditor* wählen

Falls die Option „trail_dir" bereits vorhanden ist:

- in der Spalte „Wert" den Pfad zum gewünschten Ordner angeben

Falls die Option „trail_dir" noch nicht vorhanden ist:

- Button *Hinzufügen...* betätigen → Fenster **Option hinzufügen** öffnet sich ⇒ bei „Optionsname" <trail_dir> eingeben ⇒ bei „Optionswert" den Pfad zum gewünschten Ordner angeben ⇒ *OK*

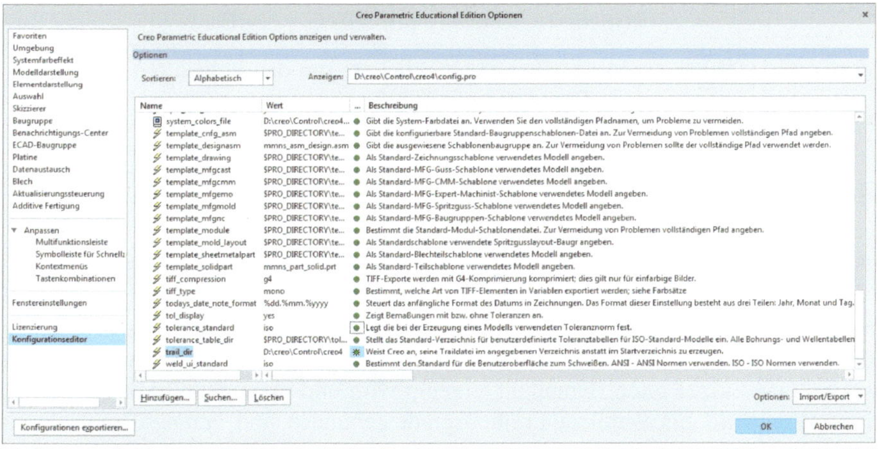

1.15.2 Manipulation der Bildschirmdarstellung

Zoom	MMB scrollen (geht einfach und schnell).
	Registrierkarte ANSICHT ⇒ punktgenaues Zoomen möglich 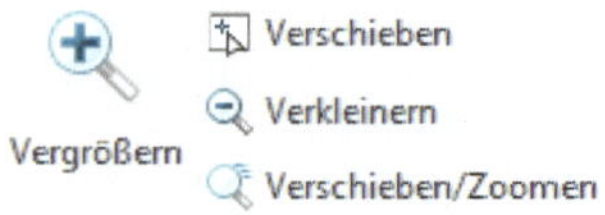
Einpassen	Registrierkarte ANSICHT ⇒  *Neu einpassen* → Bauteil wird im ARBEITSFENSTER komplett angezeigt
Dynamisch Drehen	MMB
Schattieren	GRAFIKSYMBOLLEISTE ⇒ 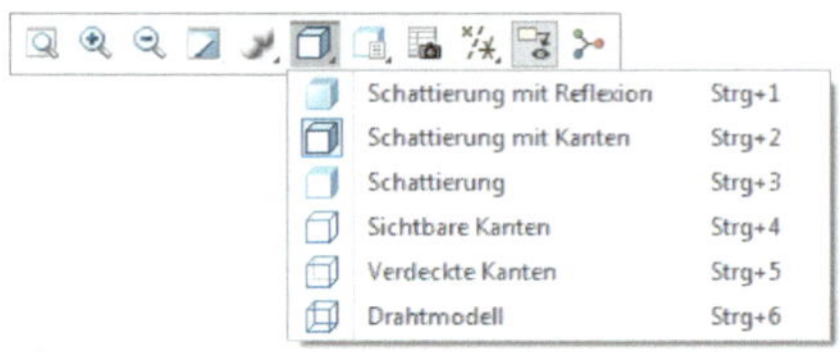

Farben zuweisen

Registrierkarte ANSICHT	Dropdown *Farbeffekte*  ⇒ Farbe wählen
ARBEITSFENSTER	Die zu färbenden Elemente (z. B. Flächen) selektieren (mehrere Elemente mit STRG + LMB).
Fenster **Auswählen**	Mit LMB auf *OK* klicken, um den gewählten Elementen die Farbe zuzuweisen.

1.16 Skizziermodus

Der Skizziermodus in Creo stellt das zentrale Element zur Erstellung von Geometrie dar.

Eine Besonderheit des Skizziermodus ist der Umstand, dass sämtliche in Creo erzeugte Skizzen stets vollständig bestimmt sind. Während in anderen CAD-Systemen zunächst eine Skizze ohne Bemaßung erzeugt wird und diese dann solange mit Maßen versehen wird, bis sämtliche Freiheitsgrade gebunden sind, erzeugt Creo automatisch so viele Bemaßungen, wie zur vollständigen Bestimmung der Skizze notwendig sind. Die automatisch erzeugten Bemaßungen werden als „schwache" Bemaßungen bezeichnet und werden blau dargestellt (bei Standardeinstellung). Da es viele verschiedene Wege zur Bemaßung einer Skizze gibt, können vom Anwender weitere Bemaßungen („starke" Bemaßungen) hinzugefügt werden. „Starke" Bemaßungen werden violett dargestellt. Da Skizzen in Creo niemals überbestimmt sein dürfen, werden für jede vom Anwender hinzugefügte Bemaßung entsprechend viele „schwache" Bemaßungen entfernt (dabei erscheint kein Warnhinweis).

Während „schwache" Bemaßungen bei Überbestimmtheit automatisch entfernt werden, erscheint ein Warnhinweis, wenn keine schwachen Bemaßungen mehr gelöscht werden können, um eine Überbestimmtheit aufzulösen. Im erscheinenden Dialog kann der Anwender dann eine oder mehrere von ihm hinzugefügte „starke" Bemaßungen auswählen und entfernen, um so wieder zu einer eindeutig bestimmten Skizze zu gelangen.

Weiterhin verfügt der Skizziermodus über einen sogenannten Absichtsmanager. Werden Linien nicht exakt horizontal oder vertikal eingegeben, erkennt das CAD-System diese Linien automatisch als horizontal oder vertikal und erzeugt dabei implizite und explizite Restriktionen. Das System erkennt Symmetrien (durch Mittellinien), Tangentenstetigkeiten, Linien oder Radien gleicher Länge und versieht diese Geometrieelemente automatisch mit den entsprechenden Randbedingungen.

1.16.1 Skizzierwerkzeugleiste

Die SKIZZIERWERKZEUGLEISTE enthält alle Funktionen, die zum Erstellen, Ausrichten und Bemaßen von Skizzen nötig sind.

Jedes Icon in der Skizzierwerkzeugleiste ist mit einer eindeutigen, meist selbstsprechenden Bezeichnung sowie einer kurzen Erklärung versehen.

1.16.2 Platzierungsbedingungen

Beim Skizzieren bzw. dem Setzen der Bemaßung sollte stets versucht werden, mit möglichst wenigen Bemaßungen auszukommen. Dies kann erreicht werden, indem statt Bemaßungen Platzierungsbedingungen verwendet werden, um Skizzen auszurichten und Elemente in bestimmten Positionen zueinander auszurichten. So z. B. die Platzierungsbedingung „Gleiche Länge", um zwei Elementen dieselbe Größe zuzuweisen. Durch den Einsatz von Platzierungsbedingungen werden Skizzen übersichtlicher und können später mit weniger Aufwand geändert werden.

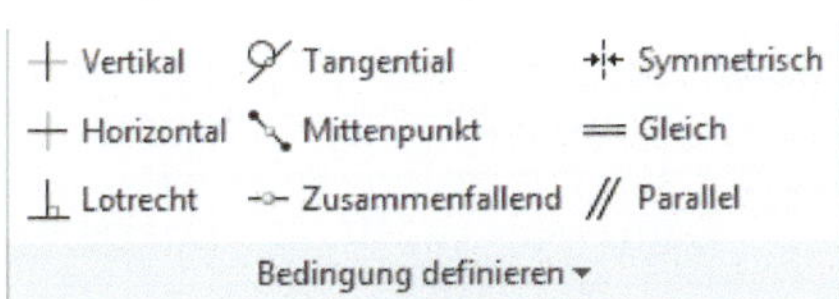

Button	Bedingung/Erläuterung
	Linie oder zwei Eckpunkte vertikal anordnen
	Linie oder zwei Eckpunkte horizontal anordnen
	Zwei Elemente senkrecht anordnen
	Zwei Elemente tangential anordnen
	Punkt auf der Mitte der Linie platzieren
	Punkte/ Elemente aufeinander platzieren
	Zwei Punkte oder Eckpunkte symmetrisch um eine Mittellinie anordnen
	Gleiche Länge, gleiche Radien oder gleiche Krümmung erzeugen
	Zwei Linien parallel anordnen

Die in einer Skizze vorhandenen Platzierungsbedingungen werden über verschiedene Symbole im ARBEITSFENSTER dargestellt.

Symbol	Randbedingung
	Mittenpunkt
	Zusammenfallende Eckpunkte
	Punkt auf Element
	Horizontal ausgerichtetes Element
	Vertikal ausgerichtetes Element
	Tangentiale Elemente
	Senkrechte Elemente
	Parallele Linien
	Gleicher Radius, gleiche Länge
	Symmetrie
	Kollinearität
	Kante verwenden / Versatzkante

1.16.3 Bemaßen

Das Erzeugen von Bemaßungen erfolgt i. d. R. nach folgender Vorgehensweise: Icon  *Bemaßung* ⇒ Auswahl der Referenzen mit LMB ⇒ Positionierung der Bemaßung mit MMB

In der folgenden Tabelle sind die Vorgehensweisen zur Erzeugung der wesentlichen Bemaßungstypen aufgelistet.

Linearbemaßungen
Länge einer Linie LMB auf die Linie ⇒ Platzieren der Bemaßung mit MMB
Abstand zwischen zwei parallelen Linien LMB auf Linie 1 ⇒ LMB auf Linie 2 ⇒ Platzieren der Bemaßung mit MMB
Abstand zwischen einem Punkt und einer Linie LMB auf die Linie ⇒ LMB auf den Punkt ⇒ Platzieren der Bemaßung mit MMB
Abstand zwischen zwei Punkten LMB auf Punkt 1 ⇒ LMB auf Punkt 1 ⇒ Platzieren der Bemaßung mit MMB
Winkelbemaßungen
Winkel zwischen zwei Geraden LMB auf die erste Linie ⇒ LMB auf die zweite Linie ⇒ Platzieren der Bemaßung mit MMB (je nach Position des Mauszeigers wird ein Außen- oder Innenwinkel angetragen)
Bogenmaß eines Kreisbogens LMB auf den ersten Endpunkt ⇒ LMB auf den zweiten Endpunkt ⇒ LMB auf den Kreisbogen ⇒ Platzieren der Bemaßung mit MMB
Durchmesserbemaßungen
Durchmesserbemaßungen für Bögen oder Kreise Doppelklick LMB auf den Bogen oder Kreis ⇒ Platzieren der Bemaßung durch Klicken mit MMB
Durchmesserbemaßungen für gedrehte Schnitte (Rotationskörper) LMB auf das zu bemaßende Element ⇒ LMB auf die Mittellinie, welche die Drehachse bilden soll ⇒ erneut LMB auf das Element ⇒ Platzieren der Bemaßung mit MMB

2 Übung: Hülse

PTC Creo 4.0 bietet vielfältige Möglichkeiten zur individuellen Anpassung des CAD-Systems. Darunter fällt das Erscheinungsbild der Programmoberfläche. Hierbei können die Symbolleisten frei auf der Programmoberfläche verteilt werden. Weiterhin ist es möglich, häufig benötigte Funktionen zu den Symbolleisten hinzuzufügen. Dadurch kann es passieren, dass sich die individualisierte Programmoberfläche von der in diesem Buch zugrunde liegenden Programmoberfläche unterscheidet und somit Unterschiede in Position und Vorhandensein von Icons und Symbolleisten möglich sind. Die in diesem Buch gezeigten Bilder beziehen sich auf die standardmäßig vorgegebene Programmoberfläche (Standard „config.pro“, „config.win“).

Sollten bestimmte Toolbuttons nicht in den im Buch angegebenen Symbolleisten zu finden sein, können sämtliche Funktionen zum Erstellen und Editieren von KEs über die Menüpunkte EDITIEREN und EINFÜGEN aufgerufen werden.

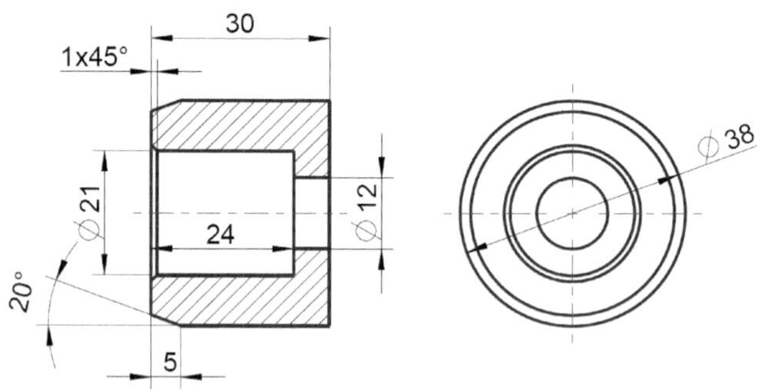

Das Bauteil „Hülse“ wird zur Darstellung der Grundfunktionen zur Volumenmodellierung in PTC Creo in mehreren Varianten erzeugt. Die unterschiedlichen Vorgehensweisen bei der Modellierung lassen einen Vergleich der verschiedenen Methoden zu. Die zur Modellierung der Hülse angewendeten Vorgehensweisen lassen sich problemlos auf andere Bauteile aus Regelgeometrien übertragen. Die Hülse soll in drei Varianten erstellt werden, wobei die Variante 2 die in der Praxis übliche Vorgehensweise darstellt. Die verwendeten Skizzen sollten nur so komplex wie wirklich nötig sein. Dies erhöht die Übersichtlichkeit und erleichtert spätere Änderungen. Elemente wie Fasen, Bohrungen und Ausformschrägen sind jeweils als einzelne Konstruktionselemente (Features) zu erzeugen.

2.1 Modellierung Variante 1

Vorgehensweise

- Rotation einer Rechteckfläche
- Rotation einer Bohrungskontur
- Erzeugen der Fasen

2.1.1 Neue Datei erzeugen

MENÜLEISTE	**Neue Datei erzeugen**
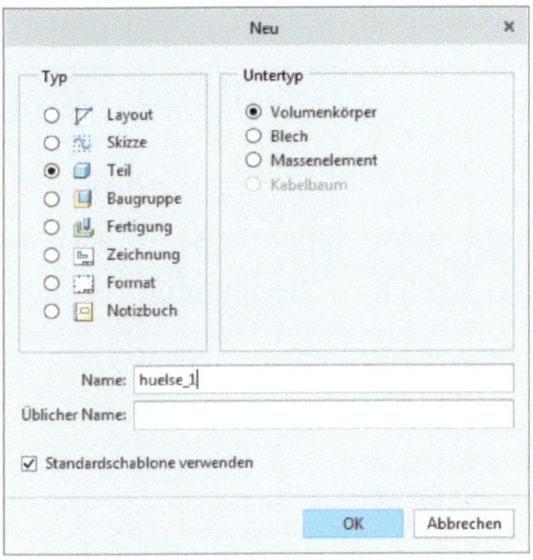	MENÜLEISTE ⇒ DATEI ⇒ *Neu* oder SYMBOLLEISTE ⇒ Typ: <Teil> Untertyp: <Volumenkörper> Dateiname: <huelse_1> ⇒ *OK* (oder ENTER) Der Dateiname darf keine Sonderzeichen oder Umlaute enthalten und nicht länger als 31 Zeichen sein.

2.1.2 Grundkörper erzeugen

Der Grundkörper wird durch Rotation einer Rechteckfläche um eine Achse erzeugt.

REGISTRIERKARTE MODELL	**Grundkörper erzeugen**
Mit LMB Icon *Drehen* wählen → SCHALTPULT erscheint 	
ARBEITSFENSTER	**Grundkörper erzeugen**
Mit LMB Ebene [FRONT] selektieren ⇒ Icon *Skizzenansicht* wählen, um Skizze auszurichten → Skizzieransicht wird im ARBEITSFENSTER geöffnet → SKIZZIERWERKZEUGLEISTE erscheint 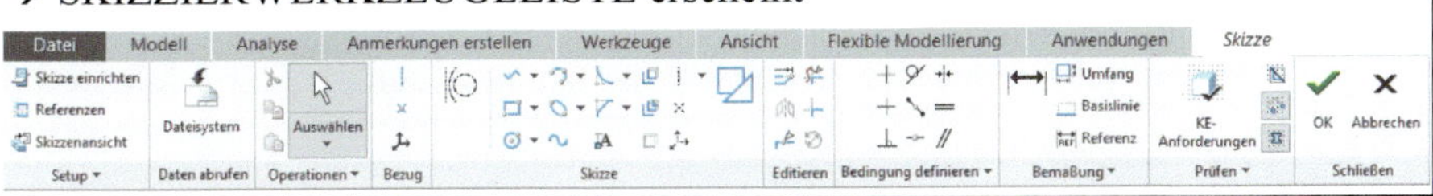	

Die Orientierung der Skizzieransicht bzw. die Skizzierebene kann nachträglich geändert werden. Dazu Folgendes ausführen:

Icon *Skizze einrichten* → Fenster **Skizze** öffnet sich ⇒ ...

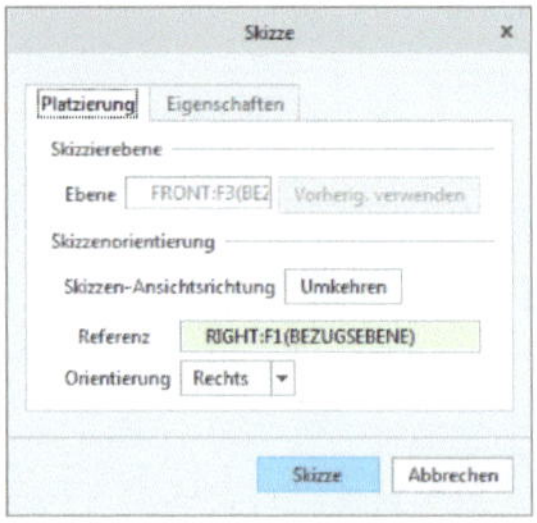

SKIZZIERWERKZEUGLEISTE **Grundkörper erzeugen**

Mit LMB Icon *Linienkette* wählen.

Die folgende Vorgehensweise soll demonstrieren, wie mit Hilfe geometrischer Beziehungen (SKIZZIERWERKZEUGLEISTE ⇒ Bedingung definieren) eine Skizze erstellt werden kann.

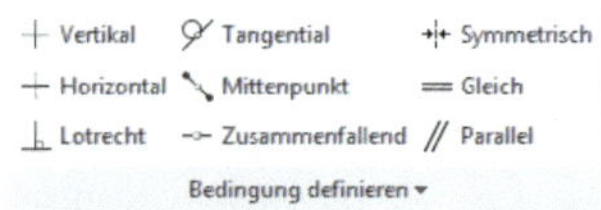

1. Zuerst den Rechteckquerschnitt grob mit vier Linien skizzieren.
2. Eine Linie als "vertikal" definieren.

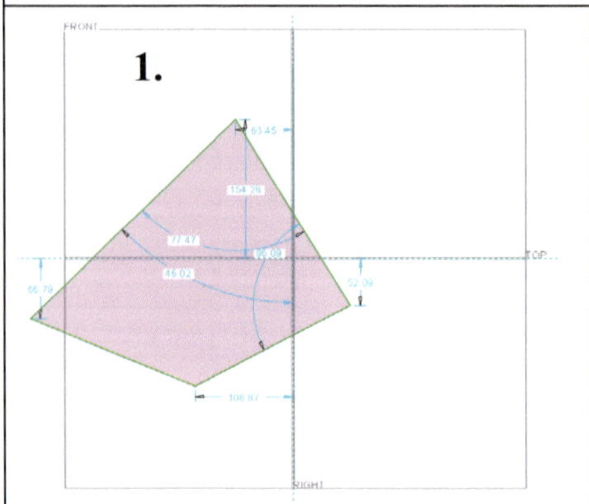

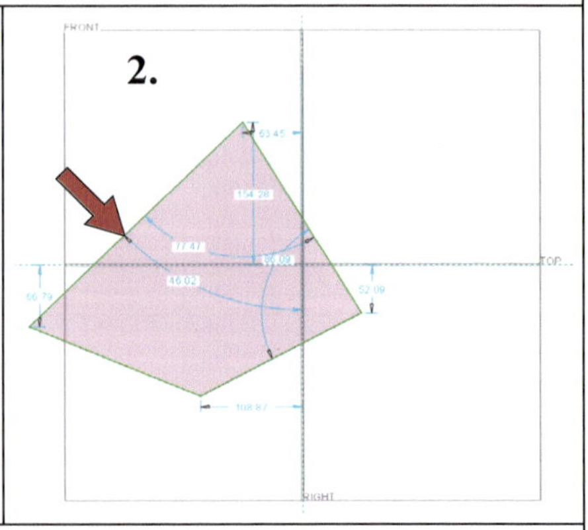

3. Als nächstes die gegenüberliegende Linie als // "parallel" definieren.
4. Eine horizontale Linie als "rechtwinklig" zu einer senkrechten Linie definieren.

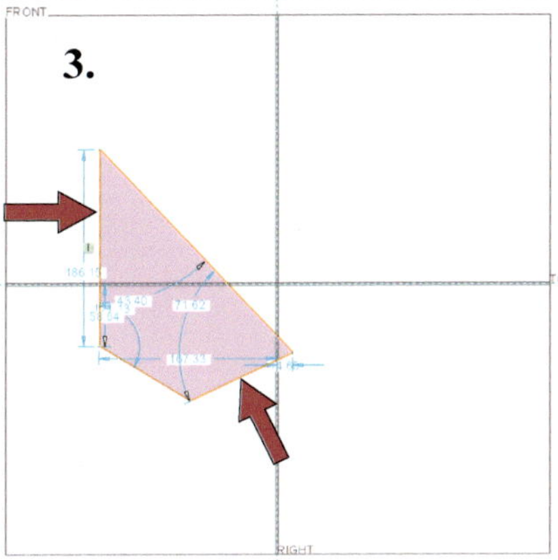

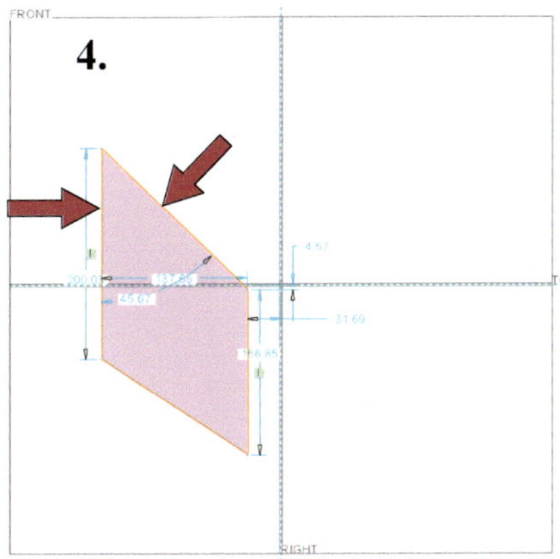

5. Zum Schluss die letzte Linie als "horizontal" definieren.

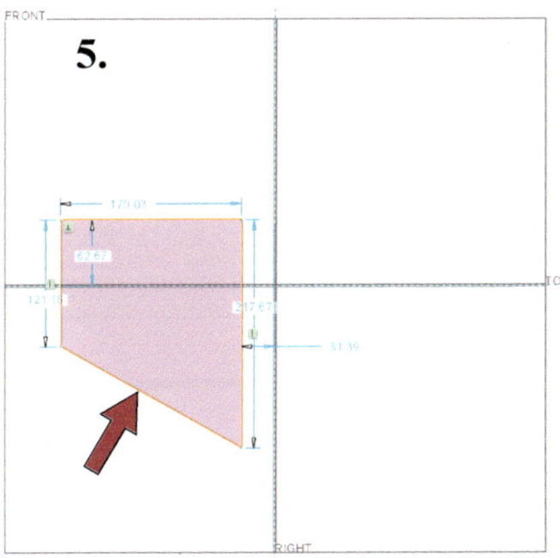

Bei einer überbestimmten Skizze erscheint eine entsprechende Fehlermeldung:
(Im Beispiel unten wurde eine weitere Bedingung „rechtwinklig“ hinzugefügt.)

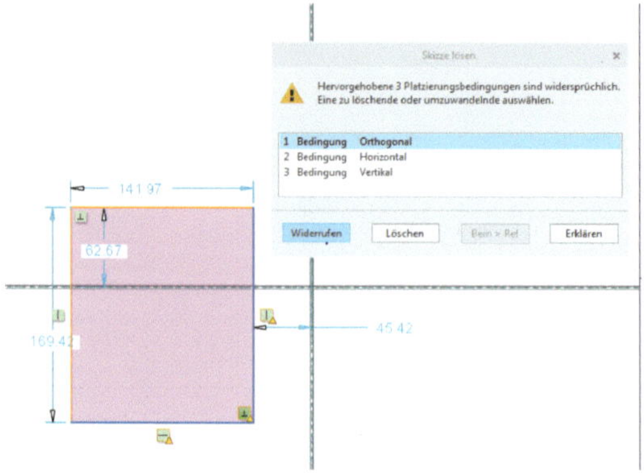

In diesem Fenster hat man u. a. die Möglichkeit,

- die letzte Bedingung/Bemaßung wieder zu entfernen; dazu LMB Button *Widerrufen*
- eine früher erstellte Bedingung/Bemaßung zu entfernen; dazu die Bedingung/Bemaßung im Fenster auswählen ⇒ LMB Button *Löschen*

SKIZZIERWERKZEUGLEISTE	**Grundkörper erzeugen**

LMB Icon *Mittellinie* wählen.

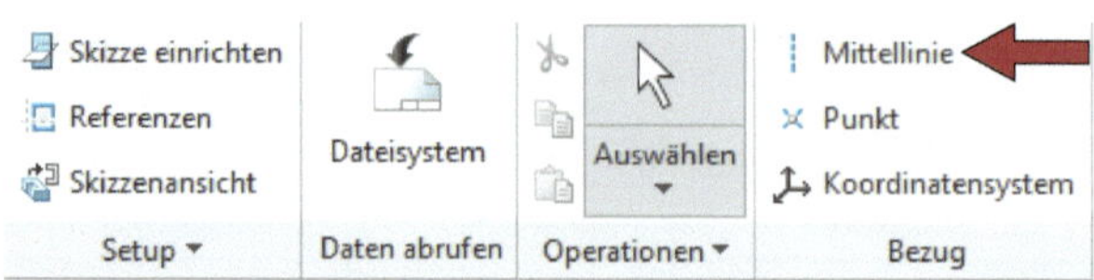

ARBEITSFENSTER	**Grundkörper erzeugen**

Rotationsachse entsprechend Bild zeichnen:
LMB zum Festlegen des Startpunkts ⇒ LMB zum Festlegen des Endpunkts

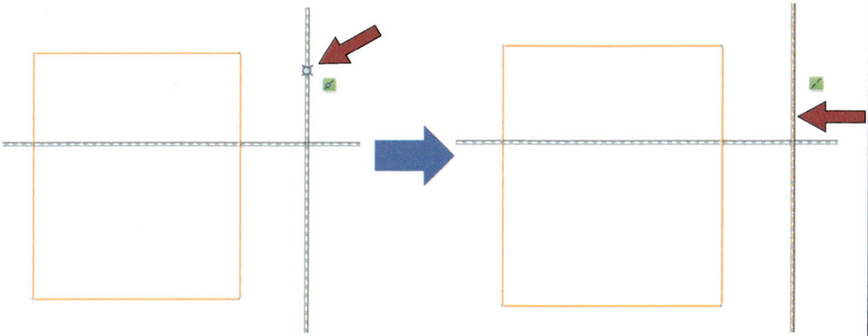

Über die Platzierungsbedingung *Zusammenfallend* das Viereck an der Mittelinie ausrichten. Dazu zuerst die rechte senkrechte Kante des Vierecks und anschließend die Mittellinie anklicken.

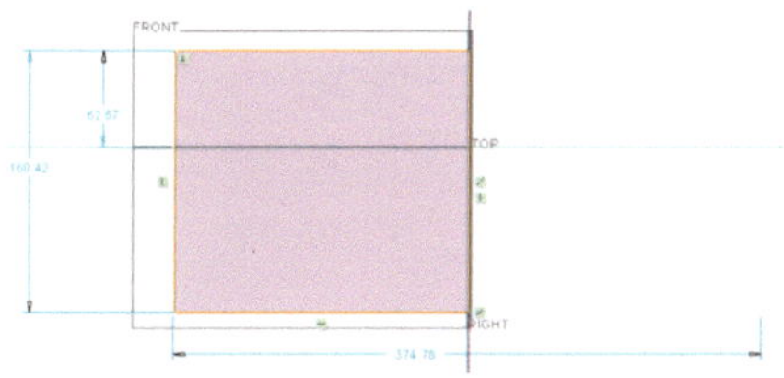

Bemaßung entsprechend der Skizze

Ändern der bereits angetragenen Werte:

Dafür muss im Skizzenmenü das Icon *Einzeln* selektiert sein.
Mit Doppelklick LMB auf die Bemaßung ⇒ <Wert> eingeben ⇒ ENTER

Hinzufügen weiterer Maße:

LMB Icon *Bemaßung* wählen ⇒ LMB erste Referenz selektieren ⇒ LMB zweite Referenz selektieren ⇒ MMB Bemaßung erzeugen

Eine Durchmesserbemaßung (siehe Durchmesser 38 mm im untenstehenden Bild) kann wie folgt erzeugt werden.

LMB auf das zu bemaßende Element ⇒ LMB auf die Mittellinie, welche die Drehachse bilden soll ⇒ erneut LMB auf das Element ⇒ Platzieren der Bemaßung mit MMB

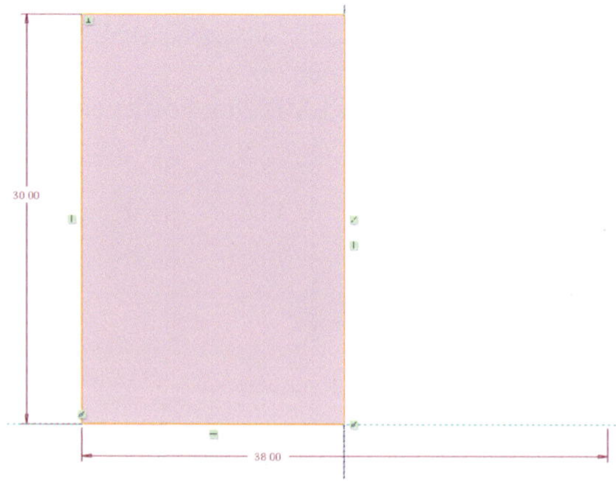

SKIZZIERWERKZEUGLEISTE	**Grundkörper erzeugen**
Mit Icon *OK* Skizzieransicht schließen.	

SCHALTPULT	**Grundkörper erzeugen**
Angeben, um welchen Winkel der Schnitt rotiert werden soll (360° ist bereits als Standardwert vorgegeben).	

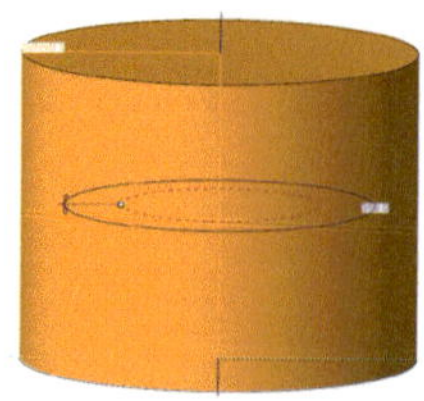

Mit Icon SCHALTPULT schließen

2.1.3 Bohrungskontur erzeugen

Die Bohrungskontur wird ebenfalls durch Rotation einer Skizze erzeugt, wobei die Geometrie von der bereits vorhandenen Geometrie abgezogen wird.

REGISTRIERKARTE MODELL	**Grundkörper erzeugen**
Mit LMB Icon *Drehen* wählen → SCHALTPULT erscheint.	
Mit LMB Icon *Material entfernen* wählen (damit wird die erzeugte Kontur nicht hinzugefügt, sondern von der vorhandenen Geometrie abgezogen)	

ARBEITSFENSTER	**Grundkörper erzeugen**
Mit LMB Ebene [FRONT] selektieren ⇒ Icon *Skizzenansicht* wählen, um Skizze auszurichten	
→ Skizzieransicht wird im ARBEITSFENSTER geöffnet	
→ SKIZZIERWERKZEUGLEISTE erscheint	

SKIZZIERWERKZEUGLEISTE	**Grundkörper erzeugen**
Mit LMB Icon *Linienkette* wählen und eine Skizze entsprechend Abbildung erzeugen. Dabei die Mittellinie nicht vergessen. 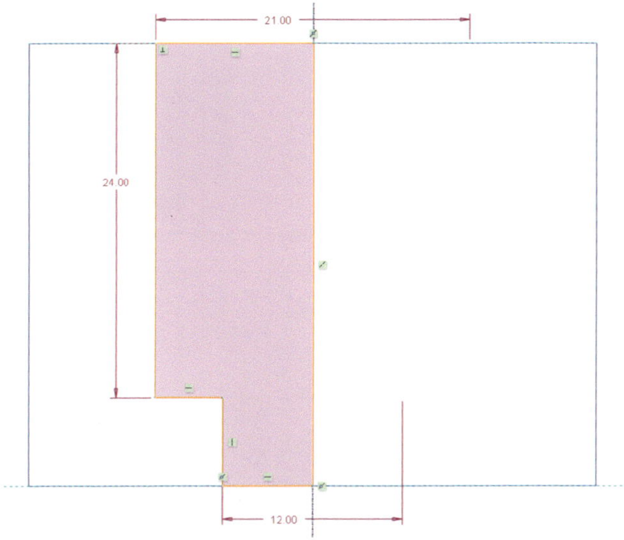 Mit Icon *OK* Skizzieransicht schließen.	
SCHALTPULT	**Grundkörper erzeugen**
Mit Icon SCHALTPULT schließen. 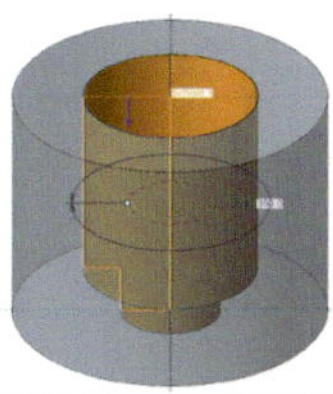	

2.1.4 Innere Fase erzeugen

REGISTRIERKARTE MODELL	**Innere Fase erzeugen**
Mit LMB Icon *Kanten-Fase* wählen → SCHALTPULT erscheint 	

ARBEITSFENSTER	**Innere Fase erzeugen**
Kante wählen, an der die Fase erzeugt werden soll (Kante zwischen Deckfläche der Hülse und Bohrung). Mit LMB einen Halbkreis selektieren → Fase wird an gesamter Kante erzeugt	
SCHALTPULT	**Innere Fase erzeugen**
Fasenart: <45xD> ⇒ ENTER Fasenwert: <1> ⇒ ENTER Mit Icon ✓ SCHALTPULT schließen.	

2.1.5 Äußere Fase erzeugen

REGISTRIERKARTE MODELL	**Äußere Fase erzeugen**
Mit LMB Icon *Fasen-Tool* wählen → SCHALTPULT erscheint	
ARBEITSFENSTER	**Äußere Fase erzeugen**
Mit LMB Kante wählen, an der die Fase erzeugt werden soll (Kante zwischen Deckfläche und Außenseite der Hülse)	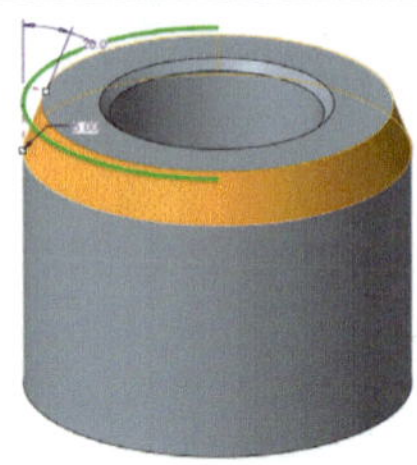
SCHALTPULT	**Äußere Fase erzeugen**
Fasenart: <Winkel x D> ⇒ ENTER Winkelwert: <20> ⇒ ENTER Fasenwert: <5> ⇒ ENTER Mit Icon *Vorschau* prüfen ⇒ Vorschau mit LMB auf wieder verlassen ⇒ falls Winkel an der falschen Fläche angesetzt ist, die vom Winkel verwendete Fläche mit LMB auf Icon wechseln Mit Icon ✓ SCHALTPULT schließen.	

2.1.6 Hülse speichern

MENÜLEISTE	**Hülse speichern**
DATEI ⇒ SPEICHERN oder LMB ⇒	

2.2 Modellierung Variante 2

Vorgehensweise

- Extrusion einer Kreisfläche
- Feature Bohrung
- Feature Fase

2.2.1 Erzeugen eines neuen Bauteils

Erzeugen eines neuen Bauteils; Name: <huelse_2>

2.2.2 Außenzylinder erzeugen

Der Grundkörper wird durch Extrusion einer Kreisfläche erzeugt.

REGISTRIERKARTE MODELL	**Grundkörper erzeugen**
Mit LMB Icon *Profil* wählen → SCHALTPULT erscheint	
ARBEITSFENSTER	**Grundkörper erzeugen**
Mit LMB Ebene [TOP] selektieren ⇒ Icon *Skizzenansicht* wählen, um Skizze ausrichten → Skizzieransicht wird im ARBEITSFENSTER geöffnet → SKIZZIERWERKZEUGLEISTE erscheint	

SKIZZIERWERKZEUGLEISTE	**Grundkörper erzeugen**
Mit LMB Icon *Kreis* wählen und eine Skizze entsprechend der Abbildung erzeugen und bemaßen (Durchmesser: <38>). Kreis aufziehen: Mit LMB Kreismittelpunkt im Koordinatenursprung setzen ⇒ aufziehen ⇒ mit LMB Durchmesser festlegen	

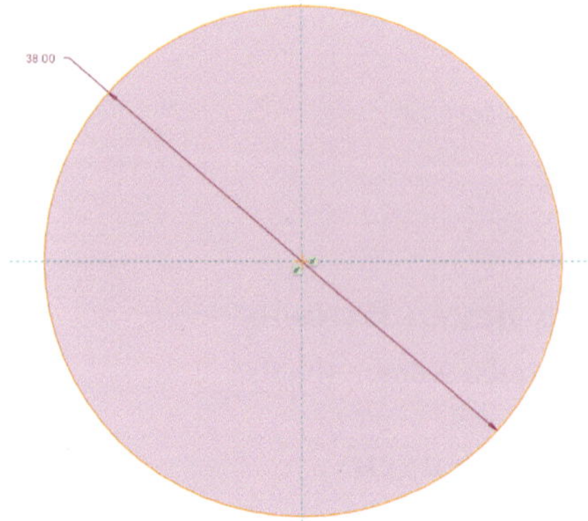

SCHALTPULT	**Grundkörper erzeugen**
Extrusionstiefe: <30> Mit Icon SCHALTPULT schließen.	

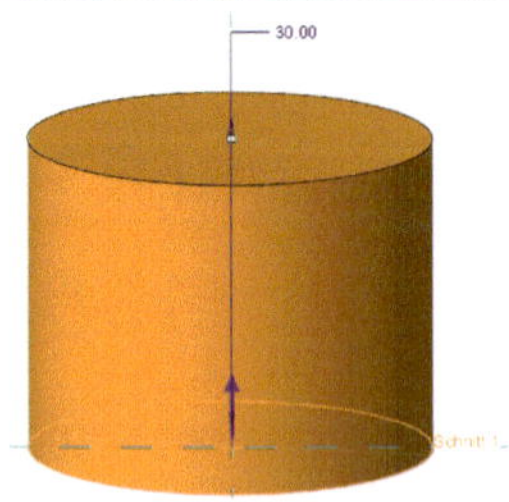

2.2.3 Erste Bohrung erzeugen

Die Funktion Bohrung bietet verschiedenste Möglichkeiten zur Erzeugung unterschiedliche Bohrungskonturen (Stufenbohrung, Kegelbohrung, mit oder ohne Gewinde, …).

Beim Erzeugen von Bohrungen können verschiedene Tiefenoptionen gewählt werden:

[**Variabel**] Bohrtiefe in die erste Richtung von der Platzierungsreferenz.

[**Symmetrisch**] Bohrtiefe in beide Richtungen der Platzierungsreferenz um die Hälfte des angegebenen Tiefenwerts in jede Richtung.

[Bis nächst.] Bohrtiefe in der ersten Richtung bis zur nächsten Fläche (nicht im Baugruppenmodus möglich).

[Bis gewählt.] Bohrtiefe in der ersten Richtung bis zum gewählten Punkt bzw. zur gewählten Kurve, Ebene oder Fläche.

[Durch Alle] Bohrtiefe in der ersten Richtung, so dass alle Flächen geschnitten werden.

[Durch Bis] Bohrtiefe in der ersten Richtung, so dass eine gewählte Fläche oder Ebene geschnitten wird (im Baugruppenmodus nicht verfügbar).

Die Tiefenoptionen sind auch bei *PROFIL* oder *Drehen* verfügbar und bestimmen dort die Extrusionstiefe bzw. den Rotationswinkel.

REGISTRIERKARTE MODELL	**Erste Bohrung erzeugen**
Mit LMB Icon *Bohrung* wählen → SCHALTPULT erscheint 	
SCHALTPULT	**Erste Bohrung erzeugen**
Mit LMB Button *Platzierung* wählen. → Dialog PLATZIERUNG klappt auf	
ARBEITSFENSTER	**Erste Bohrung erzeugen**
Mit LMB Deckfläche des Zylinders selektieren → Bohrung startet auf Deckfläche ⇒ STRG + LMB die Achse im Zylinder wählen → Platzierungsart wechselt auf <Koaxial>	
SCHALTPULT	**Erste Bohrung erzeugen**
Bohrungsdurchmesser: <21> ⇒ ENTER Bohrungstiefe: <24> ⇒ ENTER Mit Icon SCHALTPULT schließen.	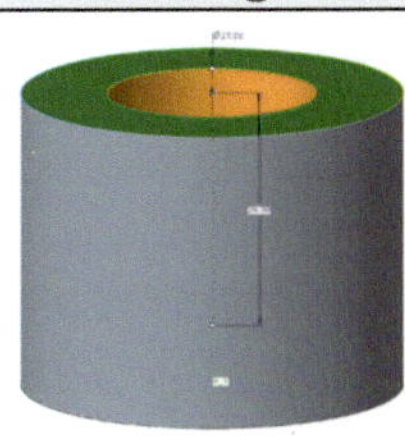

2.2.4 Zweite Bohrung erzeugen

REGISTRIERKARTE MODELL	**Zweite Bohrung erzeugen**
Mit LMB Icon *Bohrungs-Tool* wählen → SCHALTPULT erscheint	
SCHALTPULT	**Zweite Bohrung erzeugen**
Mit LMB Button *Platzierung* wählen. ⇒ Dialog PLATZIERUNG klappt auf	

ARBEITSFENSTER	**Zweite Bohrung erzeugen**
Mit LMB Grundfläche des Zylinders selektieren → Bohrung startet auf Grundfläche ⇒ STRG + LMB die Achse im Zylinder wählen → Platzierungsart wechselt auf <Koaxial>	
SCHALTPULT	**Zweite Bohrung erzeugen**
Bohrungsdurchmesser: <12> ⇒ ENTER Tiefenoption: *Bis gewählt*. ⇒ mit LMB Grundfläche der 1. Bohrung wählen Mit Icon SCHALTPULT schließen.	

2.2.5 Fasen erzeugen

Erzeugung der Fasen siehe 2.1 Modellierung Variante 1.

2.2.6 Hülse speichern

MENÜLEISTE / SYMBOLLEISTE	**Hülse speichern**
Datei ⇒ Speichern oder LMB ⇒	

2.3 Modellierung Variante 3

Eine dritte Variante zur Erzeugung ist die Rotation eines einzigen Schnitts (**SELBSTSTÄNDIGES ÜBUNGSBEISPIEL**). Dies ist eine sehr aufwendige Variante und sollte in der Praxis nicht angewendet werden. Sie dient lediglich zur Demonstration der verschiedenen Möglichkeiten. In der Praxis sind nach Möglichkeit immer alle Radien, Fasen, Bohrungen... als einzelne Elemente zu erzeugen.

2.3.1 Erzeugen eines neuen Bauteils

Erzeugen eines neuen Bauteils; Name: <huelse_3>

2.3.2 Erzeugen des Körpers durch Rotation eines Schnitts

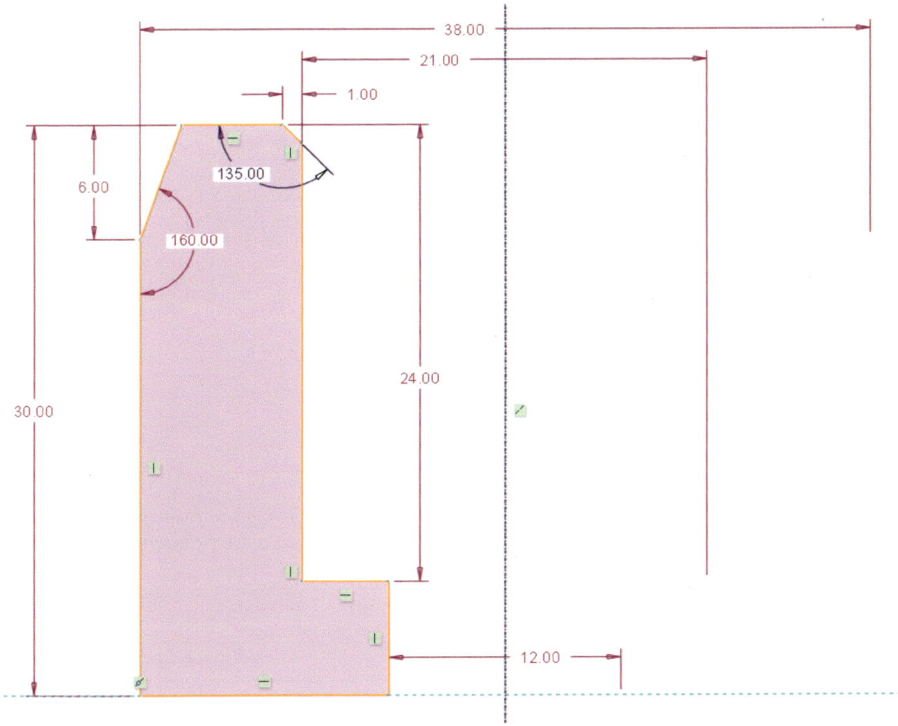

Hinweis: Es ist zwar möglich, die gesamte Hülse in einem Schritt zu erzeugen, in der Praxis sollte jedoch nach Variante 1 oder Variante 2 vorgegangen werden, wobei Variante 2 die zu empfehlende ist, da die Bohrungen als Bohrungsfeature erzeugt werden.

Schon bei einfachen Körpern (wie dieser Hülse) ist bereits eine relativ komplizierte Skizze nötig. Wenn ein CAD-System Features wie z. B. Bohrungen oder Fasen anbietet, sollten diese genutzt werden, da so die Skizzen einfach gehalten werden können und nachträgliche Änderungen bei dieser Vorgehensweise leichter zu realisieren sind.

In diesem Fall wird eine relativ zu den anderen Beispielen komplexe Skizze verwendet. Bei der Bemaßung solcher Skizzen kann es zu starken Verzerrungen der Kontur kommen, die die weitere Erstellung der Skizze beeinträchtigen können (siehe Abbildung).

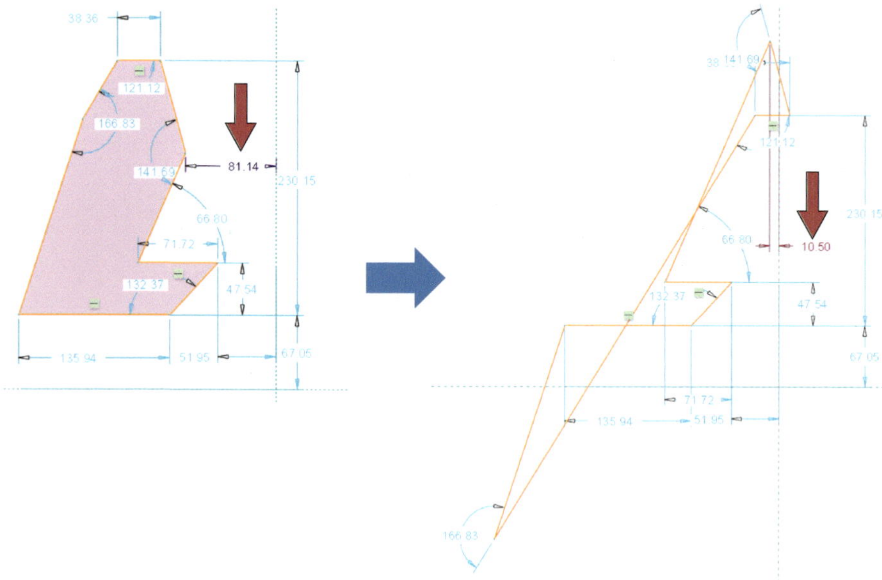

Aus diesem Grund wird im Folgenden eine Vorgehensweise präsentiert, mit der dieses Problem umgangen werden kann.

1. Zeichnen der Kontur

SKIZZENWERKZEUGLEISTE	**Zeichnen der Kontur**

Dabei ist zu beachten, dass

- gewollte Bedingungen gefangen werden,
- ungewollte Bedingungen vermieden werden,
- die Position der Kontur schon ungefähr stimmt (v. a. in Bezug auf die Referenzelemente) und
- die Relationen zwischen den Linien schon ungefähr stimmen.

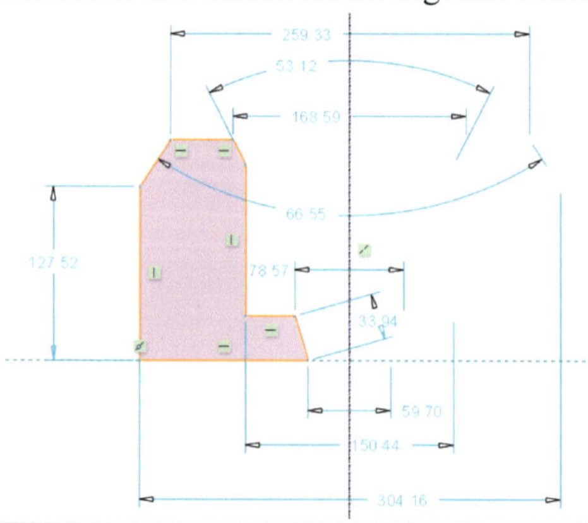

2. Sperren aller Maße, die behalten werden wollen

ARBEITSFENSTER	**Sperren von Maßen**

Werden der Skizze neue Maße oder Platzierungsbedingungen hinzugefügt, verschwinden nicht gesperrte Maße. Damit Maße, die schon richtig gesetzt sind, nicht eliminiert werden, können diese gesperrt werden.

Mit LMB zu sperrendes Maß wählen ⇒mit LMB Icon *Sperre umschalten* wählen → Maß wird gesperrt, ändert Farbe von Blau auf Rot

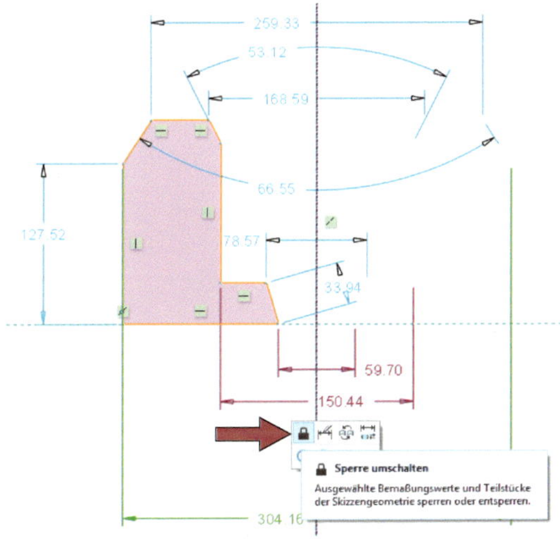

3. Setzen von fehlenden Bedingungen

SKIZZENWERKZEUGLEISTE	**Setzen fehlender Bedingungen**

Es ist zu empfehlen so viele Bedingungen wie möglich und so viele Maße wie nötig zu verwenden.

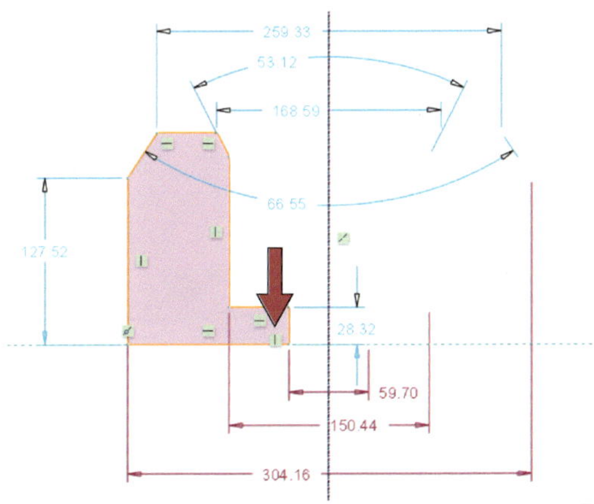

4. *Setzen von fehlenden Maßen*

SKIZZENWERKZEUGLEISTE	**Setzen fehlender Maße**
Mit LMB das Icon *Bemaßung* fehlende Maße setzen ohne den richtigen Wert zuzuordnen.	

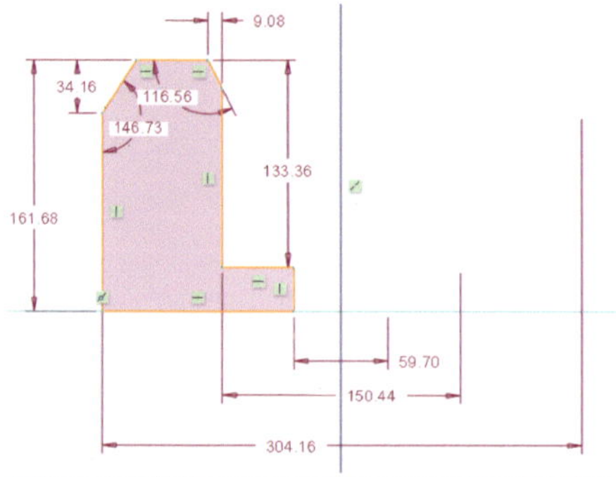

5. *Kontur skalieren*

ARBEITSFENSTER	**Kontur skalieren**
Mit STRG + LMB alle Maße selektieren ⇒ mit LMB Icon *Ändern* wählen → Fenster **Bemaßungen ändern** erscheint	
FENSTER **BEMASSUNGEN ÄNDERN**	**Kontur skalieren**
Mit LMB Funktion *Maßstab sperren* selektieren ⇒ einen richtigen Wert eines Längenmaßes eintragen → Maß wird umgesetzt und alle anderen Maße werden maßstäblich verändert, Kontur wird skaliert und nicht verzerrt ⇒ mit LMB den Button *OK* wählen → Fenster **Bemaßungen ändern** schließt	

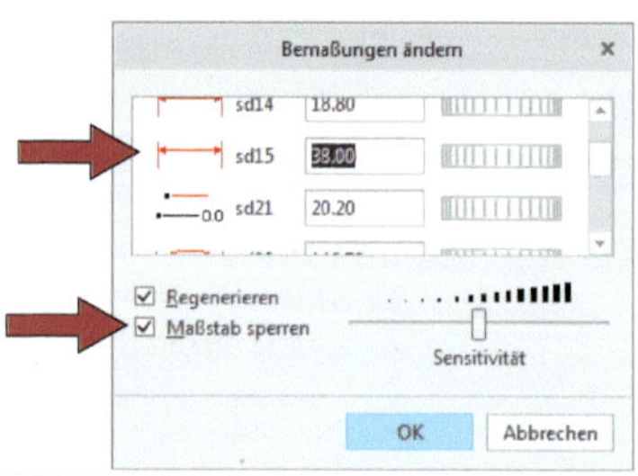

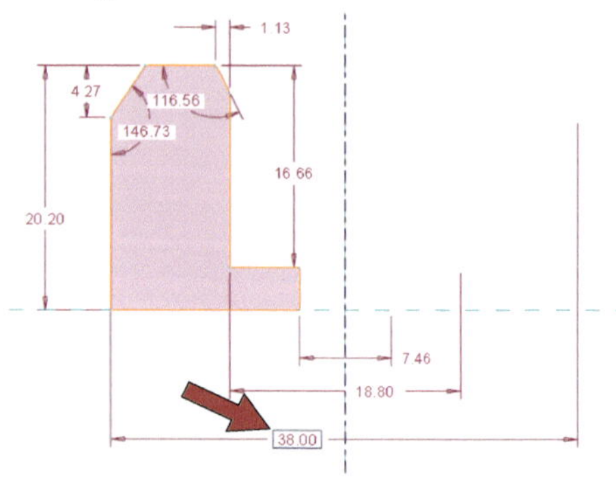

6. Fehlende Werte eintragen

ARBEITSFENSTER	**Werte eintragen**
Mit Doppelklick LMB auf Maß klicken und fehlende Werte eintragen	

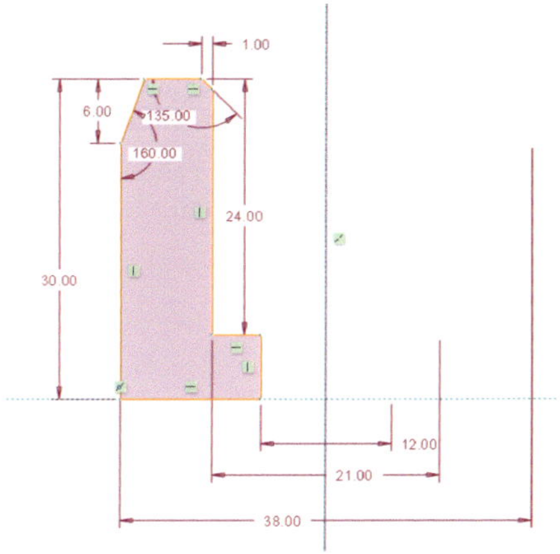

Die Werte können auch im Fenster **Bemaßungen ändern** definiert werden. Allerding muss zuvor die Funktion *Maßstab sperren* deaktiviert werden.

2.4 Kontrollfragen

1. Welchen Vorteil bringt der Einsatz von Konstruktionsfeatures wie Fase, Rundung, Bohrung...?
2. Was ist beim Definieren einer Rotationsskizze (im Vergleich mit einer Extrusionsskizze) zusätzlich zu beachten?
3. Wie können Änderungen in vorhandener Geometrie schnell vorgenommen werden?
4. Wie lassen sich Skizzenkonturen maßstäblich verändern?

3 Übung: Rohrzange

Das Kapitel beschreibt die Erstellung einer Baugruppe bestehend aus fünf Bauteilen. Die verschiedenen Bauteile sollen dem Nutzer die Vorgehensweise bei der Modellierung von Volumenmodellen demonstrieren.

An dieser Baugruppe wird weiterhin der Zusammenbau von Einzelteilen zu Baugruppen beschrieben. Hierzu werden zunächst die verfügbaren Platzierungsbedingungen erläutert und anschließend beim Erstellen der Baugruppe angewendet.

Der letzte Abschnitt beschäftigt sich mit der Zeichnungserstellung. Am Beispiel des Bauteils Halterung wird unter anderem gezeigt, wie Ansichten, Schnitte und Bemaßungen erzeugt werden.

Vorgehensweise

- Modellieren der Halterung
- Modellieren des Niets
- Modellieren der Griffwange
- Modellieren der verstellbaren Wange
- Modellieren der Stellmutter
- Zusammenbau
- Zeichnungserstellung der Halterung

3.1 Modellieren der Halterung

Bei der Halterung der Rohrzange wird u. a. gezeigt wie der Modellierungsprozess durch die Funktion *Automatische Rundung* effizienter gestaltet werden kann.

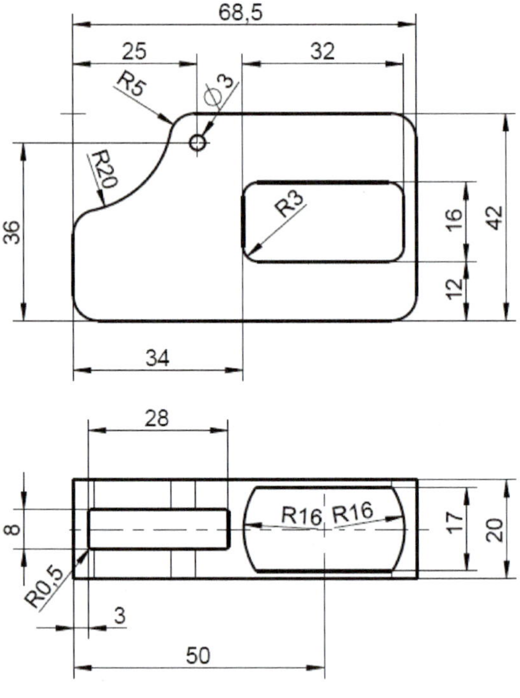

Vorgehensweise

- Erzeugen eines neuen Bauteils
- Erzeugen des Grundkörpers durch Extrusion
- Erzeugen der Aussparungen
- Erzeugen der Bohrung
- Verrunden des Modells
- Bauteil speichern

3.1.1 Neues Bauteil

Erzeugen eines neuen Bauteils: Name <halterung>

3.1.2 Grundkörper erzeugen

REGISTRIERKARTE MODELL **Grundkörper erzeugen**

Mit LMB Icon *Profil* wählen → SCHALTPULT erscheint.

ARBEITSFENSTER **Grundkörper erzeugen**

Mit LMB Ebene [FRONT] selektieren ⇒ Icon *Skizzenansicht* wählen, um Skizze auszurichten

→ Skizzieransicht wird im ARBEITSFENSTER geöffnet

→ SKIZZIERWERKZEUGLEISTE erscheint

SKIZZIERWERKZEUGLEISTE **Grundkörper erzeugen**

Mit LMB Icon *Ecken-Rechteck* wählen und eine Skizze entsprechend Abbildung erzeugen.

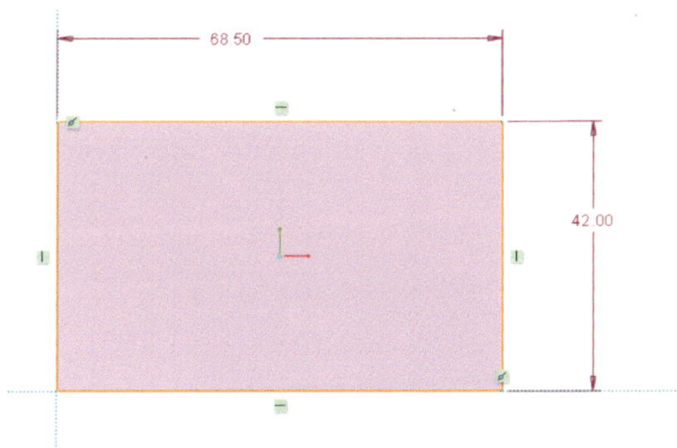

Mit Icon *OK* Skizzieransicht schließen.

SCHALTPULT **Grundkörper erzeugen**

Mit LMB Pfeil anklicken, um Tiefenoption auszuwählen → Profil wird symmetrisch extrudiert

Tiefenwert: <20>

Mit Icon SCHALTPULT schließen.

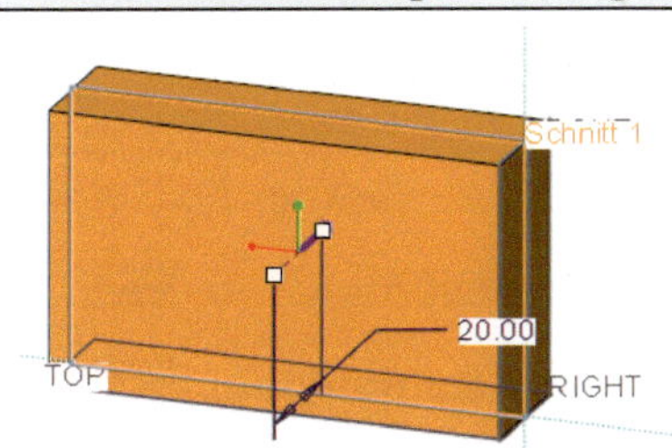

3.1.3 Aussparung für Stellmutter erzeugen

Aussparung erzeugen

REGISTRIERKARTE MODELL	**Aussparung erzeugen**

Mit LMB Icon *Profil* wählen → SCHALTPULT erscheint.

Mit LMB Icon *Material entfernen* wählen (damit wird die erzeugte Kontur nicht hinzugefügt, sondern von der vorhandenen Geometrie abgezogen).

ARBEITSFENSTER	**Aussparung erzeugen**

Mit LMB Ebene FRONT selektieren ⇒ Icon *Skizzenansicht* wählen, um Skizze auszurichten

→ Skizzieransicht wird im ARBEITSFENSTER geöffnet

→ SKIZZIERWERKZEUGLEISTE erscheint

SKIZZIERWERKZEUGLEISTE	**Aussparung erzeugen**

Mit LMB Icon *Ecken-Rechteck* wählen und eine Skizze entsprechend Abbildung erzeugen.

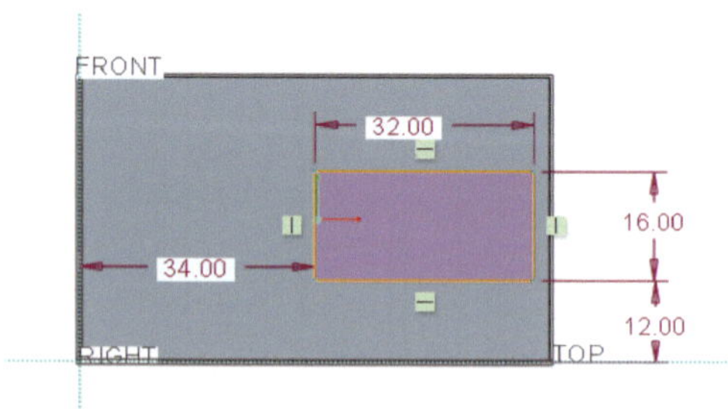

Mit Icon *OK* Skizzieransicht schließen.

SCHALTPULT	**Aussparung erzeugen**

Mit LMB die Funktion *Option* wählen

⇒ Seite 1 auf *Bis nächst.*

⇒ Seite 2 auf *Bis nächst.*

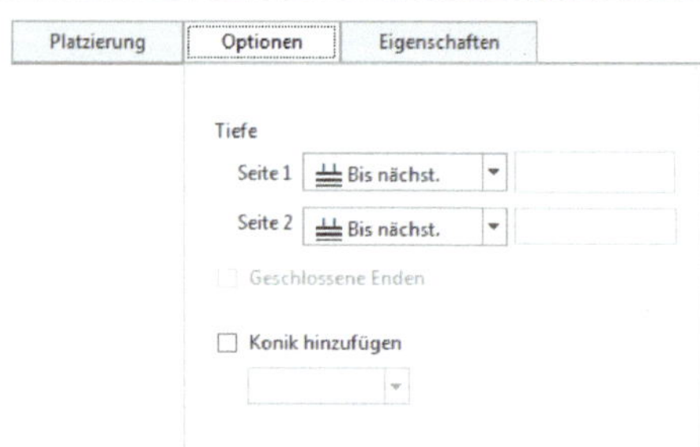

Es wird empfohlen, keine symmetrische Extrusion zu verwenden, da die Extrusionstiefe nur über einen absoluten Tiefenwert gesteuert werden kann und damit eine Änderung der Breite des Grundkörpers keine Anpassung der Aussparung zur Folge hätte.

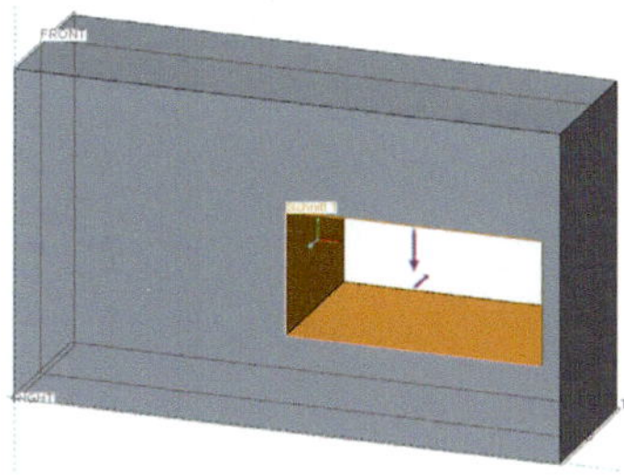

Mit Icon SCHALTPULT schließen.

Aussparung verrunden

REGISTRIERKARTE MODELL	**Aussparung verrunden**
Mit LMB Icon *Rundung* wählen → SCHALTPULT erscheint.	

ARBEITSFENSTER	**Aussparung verrunden**
Mit LMB die vier Kanten des zuvor erstellten Ausbruchs auswählen	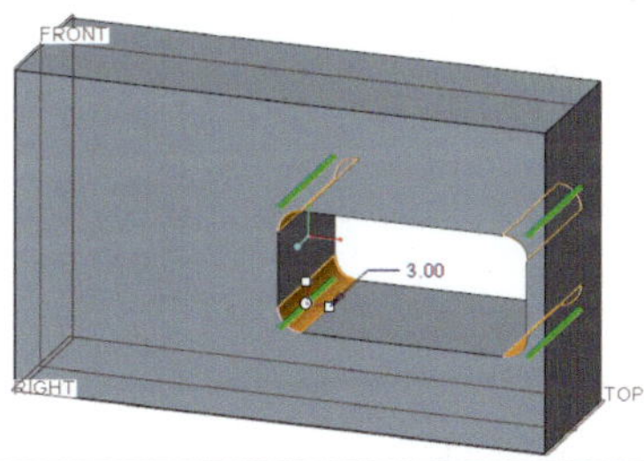

SCHALTPULT	**Aussparung verrunden**
Radius: <3> Mit Icon SCHALTPULT schließen.	

3.1.4 Kreisförmige Aussparung erzeugen

REGISTRIERKARTE MODELL	**Kreisförmige Aussparung erzeugen**
Mit LMB Icon *Profil* wählen → SCHALTPULT erscheint Mit LMB Icon *Material entfernen* wählen.	

ARBEITSFENSTER	**Kreisförmige Aussparung erzeugen**
Mit LMB Ebene FRONT selektieren ⇒ Icon *Skizzenansicht* wählen, um Skizze auszurichten → Skizzieransicht wird im ARBEITSFENSTER geöffnet → SKIZZIERWERKZEUGLEISTE erscheint	

SKIZZIERWERKZEUGLEISTE	**Kreisförmige Aussparung erzeugen**

Mit LMB Icon *Kreis* wählen und einen Kreis in der linken oberen Ecke des Grundkörpers erstellen

Durchmesser: <40>

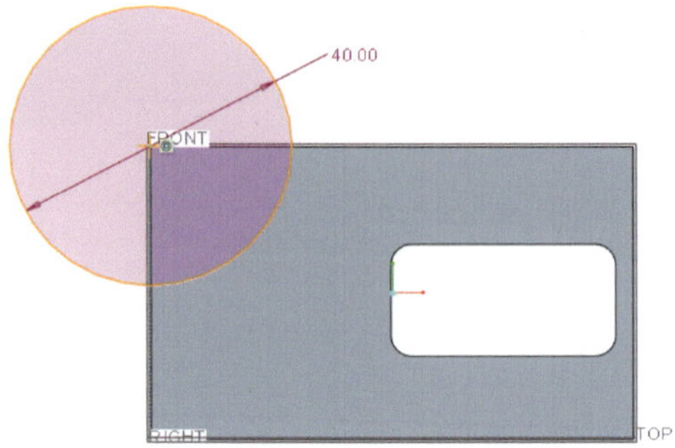

Mit Icon *OK* Skizzieransicht schließen.

SCHALTPULT	**Kreisförmige Aussparung erzeugen**

Mit LMB die Funktion *Option* wählen

⇒ Seite 1 auf *Bis nächst.*

⇒ Seite 2 auf *Bis nächst.*

Mit Icon SCHALTPULT schließen.

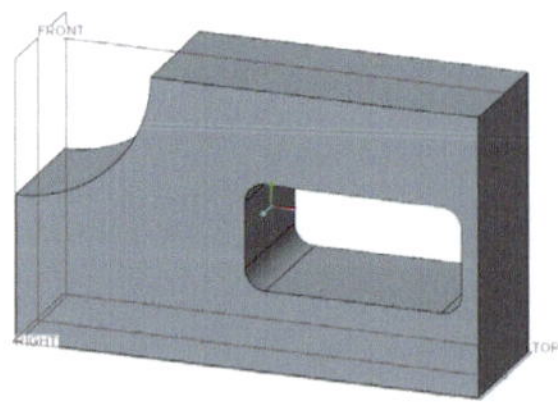

3.1.5 Modell verrunden

REGISTRIERKARTE MODELL	**Verrunden**

Mit LMB Icon *Rundung* wählen → SCHALTPULT erscheint.

ARBEITSFENSTER	**Verrunden**

Mit LMB die vier im Bild dargestellten Außenkanten wählen

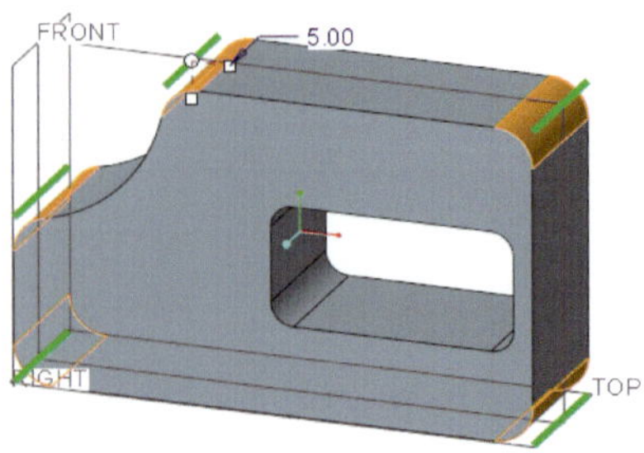

SCHALTPULT	**Verrunden**

Radius: <5>

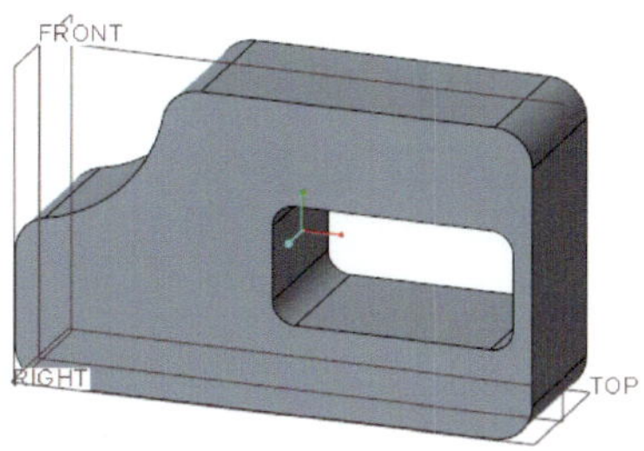

Mit Icon SCHALTPULT schließen.

3.1.6 Aussparung für Griffwange erzeugen

REGISTRIERKARTE MODELL	**Aussparung erzeugen**

Mit LMB Icon *Profil* wählen → SCHALTPULT erscheint

Mit LMB Icon *Material entfernen* wählen.

ARBEITSFENSTER	**Aussparung erzeugen**

Mit LMB Ebene [TOP] selektieren ⇒ Icon *Skizzenansicht* wählen, um Skizze auszurichten

→ Skizzieransicht wird im ARBEITSFENSTER geöffnet

→ SKIZZIERWERKZEUGLEISTE erscheint

SKIZZIERWERKZEUGLEISTE	**Aussparung erzeugen**

Mit LMB Icon *Ecken-Rechteck* wählen und eine Skizze entsprechend Abbildung erzeugen.

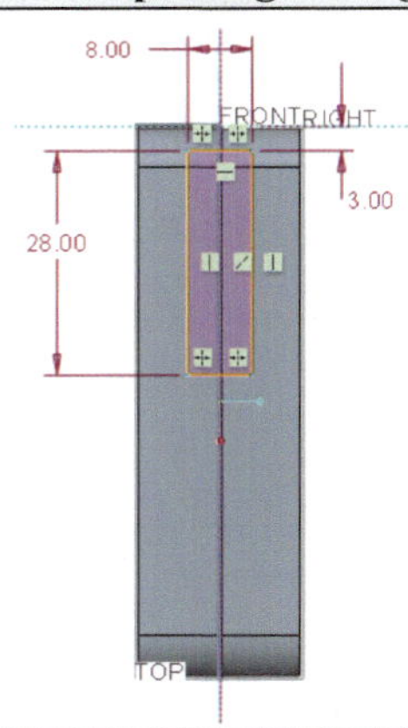

Mit Icon *OK* Skizzieransicht schließen.

SCHALTPULT	**Aussparung erzeugen**
Mit LMB Pfeil anklicken, um Tiefenoption *Bis zur nächsten Fläche extrudieren* auszuwählen Mit Icon SCHALTPULT schließen.	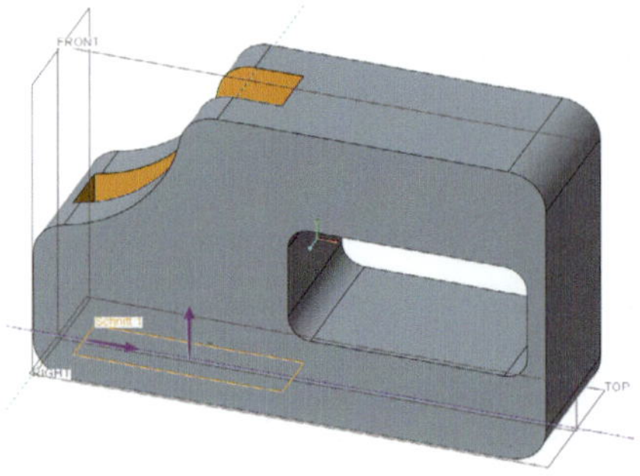

Aussparung für verstellbare Wange erzeugen

REGISTRIERKARTE MODELL	**Aussparung erzeugen**
Mit LMB Icon *Profil* wählen → SCHALTPULT erscheint. Mit LMB Icon *Material entfernen* wählen.	
ARBEITSFENSTER	**Aussparung erzeugen**
Mit LMB Ebene [TOP] selektieren ⇒ Icon *Skizzenansicht* wählen, um Skizze auszurichten → Skizzieransicht wird im ARBEITSFENSTER geöffnet → SKIZZIERWERKZEUGLEISTE erscheint	
SKIZZIERWERKZEUGLEISTE	**Aussparung erzeugen**
Mit LMB Icon *Mittellinie* (Konstruktionsmittellinie) wählen und eine Mittellinie auf die horizontale Referenz legen. Mit den Funktionen *Kreis* und *Linienkette* die abgebildete Skizze erstellen.	

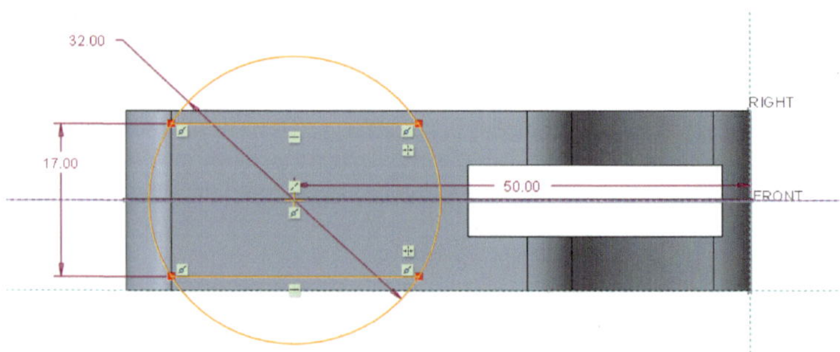

Die Symmetriebedingung wird wie folgt erstellt:

Mit LMB Icon *Symmetrisch* wählen ⇒ mit LMB ersten Punkt selektieren ⇒ mit LMB die Mittellinie selektieren ⇒ mit LMB zweiten Punkt selektieren

Mit LMB Icon *Segment löschen* wählen, um die überflüssige Geometrie zu löschen.

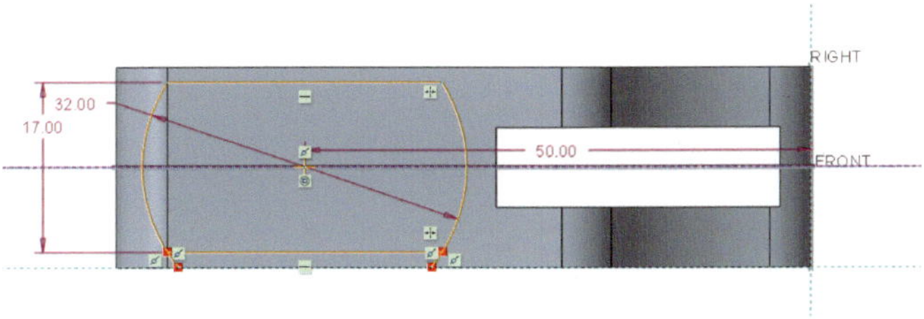

Mit Icon *OK* Skizzieransicht schließen.

SCHALTPULT **Aussparung erzeugen**

Mit LMB Pfeil anklicken, um Tiefenoption *Bis zur ausgewählt. Fläche extrudieren* auszuwählen ⇒ mit LMB die in der Abbildung gekennzeichnete Fläche wählen.

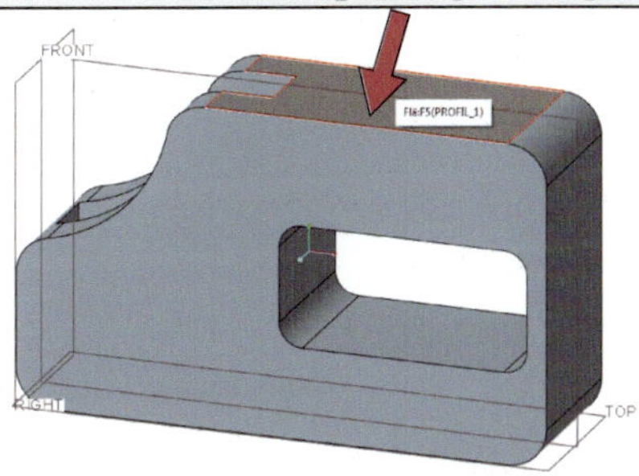

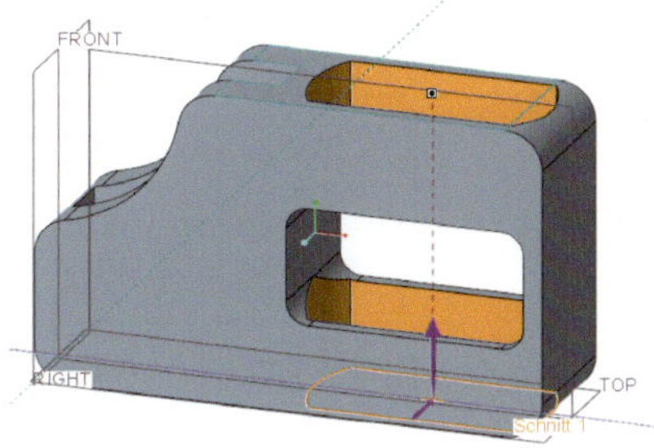

Mit Icon SCHALTPULT schließen.

Um das Verrunden von komplexen Modellen zu erleichtern, gibt es die Funktion *Automatische Rundung*. Somit ist es möglich, alle Innen- bzw. Außenkanten mit einem entsprechenden Radius zu verrunden, ohne jede Kante einzeln auswählen zu müssen.

Innenkanten verrunden

REGISTRIERKARTE MODELL	**Innenkanten verrunden**
Icon *Automatische Rundung* → SCHALTPULT erscheint 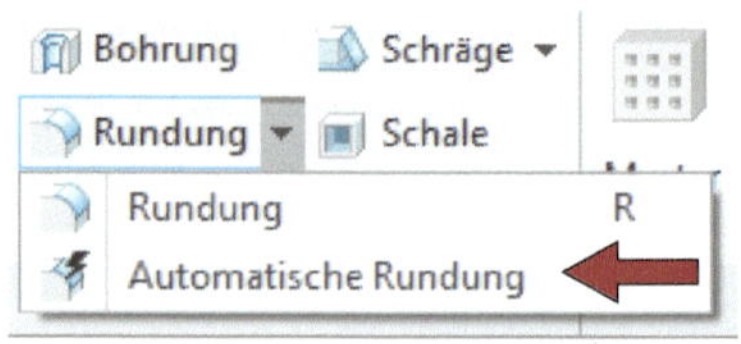 	
SCHALTPULT	**Innenkanten verrunden**
Mit LMB dem Haken bei konvexen Kanten (Außenkanten) ⇒ Radius für konkave Kanten (Innenkanten): <0.5>  	
Mit Icon SCHALTPULT schließen. 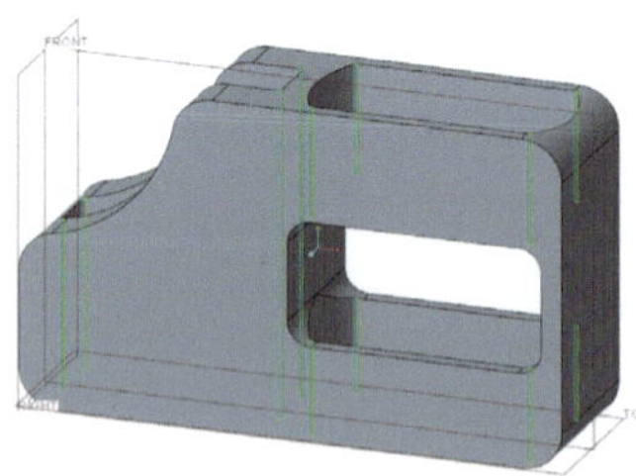	

Bohrung erzeugen

REGISTRIERKARTE MODELL	**Bohrung erzeugen**
Mit LMB Icon *Bohrung* wählen → SCHALTPULT erscheint	
SCHALTPULT	**Bohrung erzeugen**
Mit LMB Button *Platzierung* wählen. → Dialog PLATZIERUNG klappt auf	

ARBEITSFENSTER — **Bohrung erzeugen**

Mit LMB eine Seitenfläche auswählen

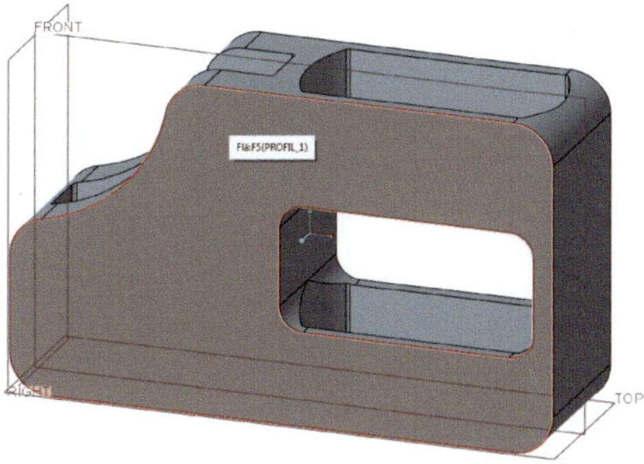

SCHALTPULT — **Bohrung erzeugen**

Mit LMB in das Feld *Versatzreferenzen* klicken

ARBEITSFENSTER — **Bohrung erzeugen**

mit LMB Ebene [RIGHT] wählen ⇒ mit STRG + LMB Ebene [TOP] wählen → Dialog PLATZIERUNG klappt auf

SCHALTPULT — **Bohrung erzeugen**

Versatzwert für Ebene [RIGHT]: <25>

Versatzwert für Ebene [TOP]: <36>

Radius: <3>

Mit LMB Pfeil anklicken, um Tiefenoption *Bis zur ausgewählt. Fläche extrudieren* auszuwählen ⇒ mit LMB die zur Platzierungsfläche gegenüberliegende Seitenfläche wählen

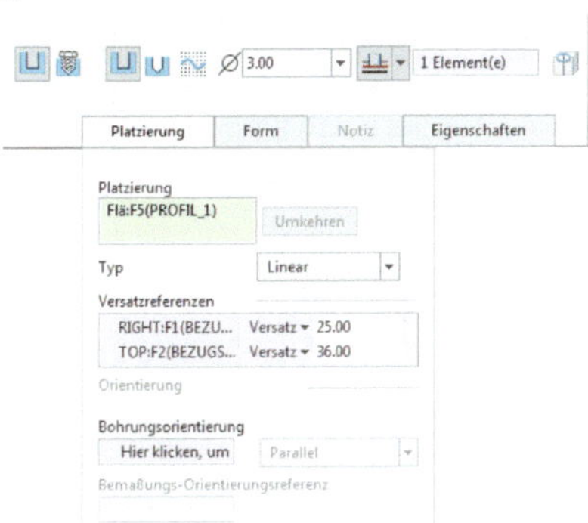

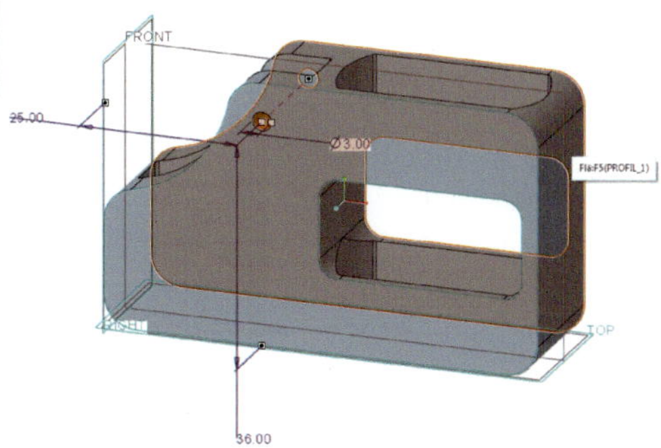

Mit Icon SCHALTPULT schließen.

3.1.7 Halterung speichern

MENÜLEISTE	**Halterung speichern**
Datei ⇒ Speichern ODER LMB ⇒	

3.2 Modellieren des Niets

In diesem Kapitel wird der Niet modelliert, welches die Halterung und die Griffwange verbindet. Da der Niet ein Rotationsteil ist, wird v. a. das Feature *Drehen* verwendet.

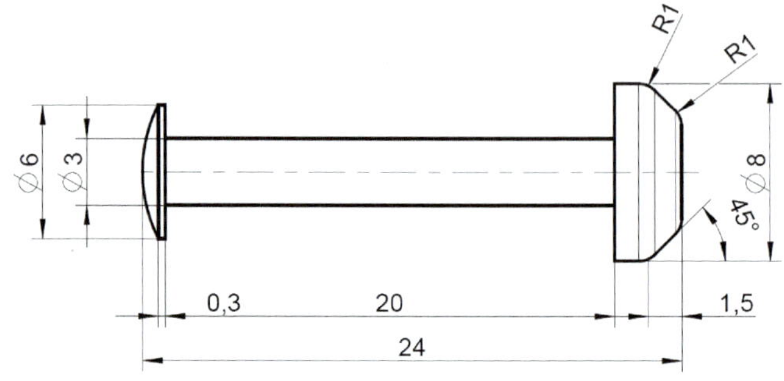

3.2.1 Neues Bauteil

Erzeugen eines neuen Bauteils; Name <Niet>

3.2.2 Grundkörper erzeugen

REGISTRIERKARTE MODELL	**Grundkörper erzeugen**
Mit LMB Icon *Drehen* wählen → SCHALTPULT erscheint	
ARBEITSFENSTER	**Grundkörper erzeugen**
Mit LMB Ebene [FRONT] selektieren ⇒ Icon *Skizzenansicht* wählen, um Skizze auszurichten → Skizzieransicht wird im ARBEITSFENSTER geöffnet → SKIZZIERWERKZEUGLEISTE erscheint	

SKIZZIERWERKZEUGLEISTE	**Grundkörper erzeugen**
Mit LMB Icon *Mittellinie* (Geometriemittellinie) wählen ⇒ Mittellinie auf die horizontale Referenz legen Mit LMB Icon *Linienkette* wählen. ⇒ abgebildete geschlossene Kontur skizzieren und bemaßen 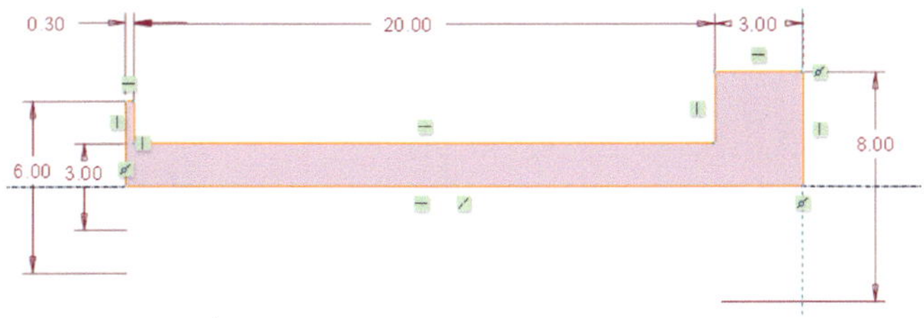 Mit Icon *OK* Skizzieransicht schließen.	
SCHALTPULT	**Grundkörper erzeugen**
Mit Icon SCHALTPULT schließen.	

3.2.3 Verrundeten Nietkopf erzeugen

REGISTRIERKARTE MODELL	**Verrundeten Kopf erzeugen**
Mit LMB Icon *Drehen* wählen → SCHALTPULT erscheint	
ARBEITSFENSTER	**Verrundeten Kopf erzeugen**
Mit LMB Ebene [FRONT] selektieren ⇒ Icon *Skizzenansicht* wählen, um Skizze auszurichten → Skizzieransicht wird im ARBEITSFENSTER geöffnet → SKIZZIERWERKZEUGLEISTE erscheint	
SKIZZIERWERKZEUGLEISTE	**Verrundeten Kopf erzeugen**
Mit LMB Icon *Projizieren* wählen ⇒ mit LMB äußere Kante des kleinen Absatzes auswählen → Kante wird als Linie in Skizzenebene projiziert 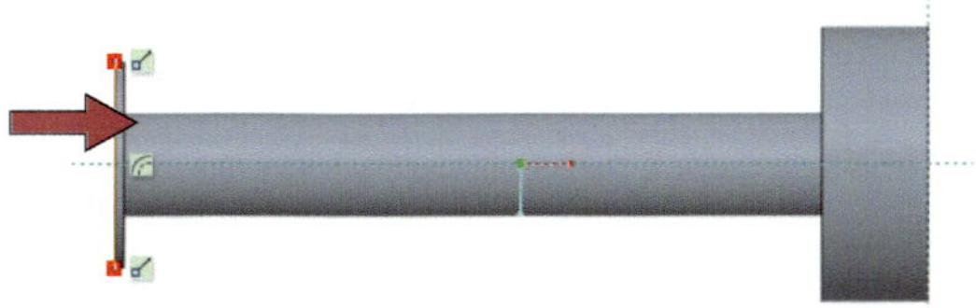 Mit LMB Icon *Bogen* *wählen ⇒ mit LMB Endpunkt der projizierten Linie wählen ⇒ mit LMB horizontale Referenz wählen ⇒ mit LMB Bogen erstellen*	

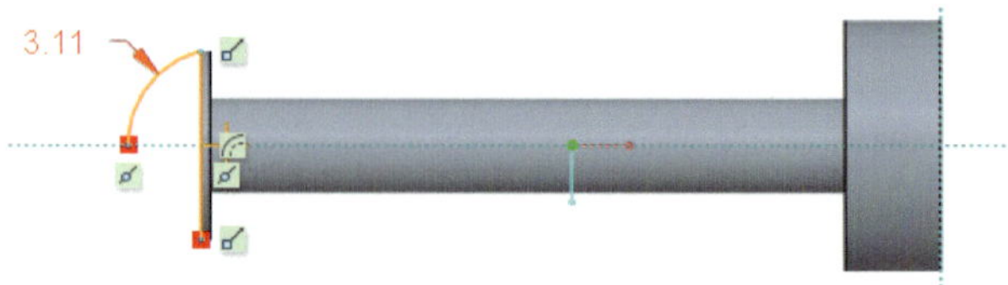

Mit den Funktionen Linienkette *und* Segment löschen *die Skizze der folgenden Abbildung erstellen.*

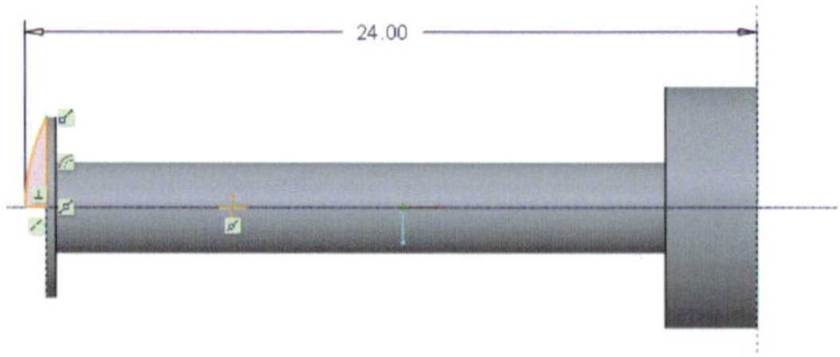

Mit LMB Icon *Mittellinie* (Geometriemittellinie) wählen ⇒ Mittellinie auf horizontale Referenz legen

Mit Icon *OK* Skizzieransicht schließen.

SCHALTPULT	**Verrundeten Kopf erzeugen**

Mit Icon SCHALTPULT schließen.

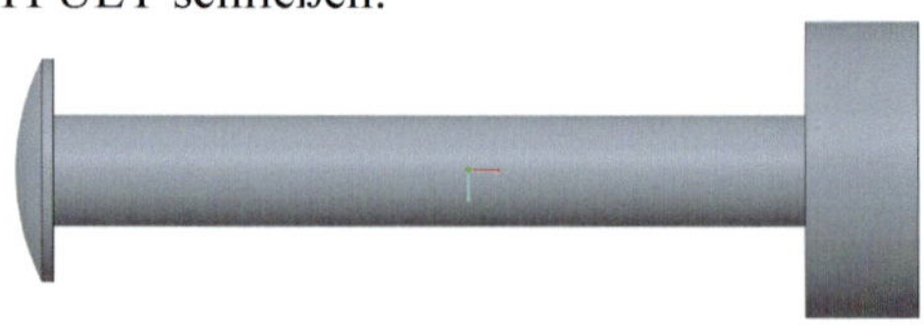

3.2.4 Fase und Rundung erzeugen

Fase modellieren

REGISTRIERKARTE MODELL	**Fase modellieren**

Mit LMB Icon *Fase* wählen → SCHALTPULT erscheint

ARBEITSFENSTER	**Fase modellieren**

Mit LMB äußere Kante des großen Kopfes wählen

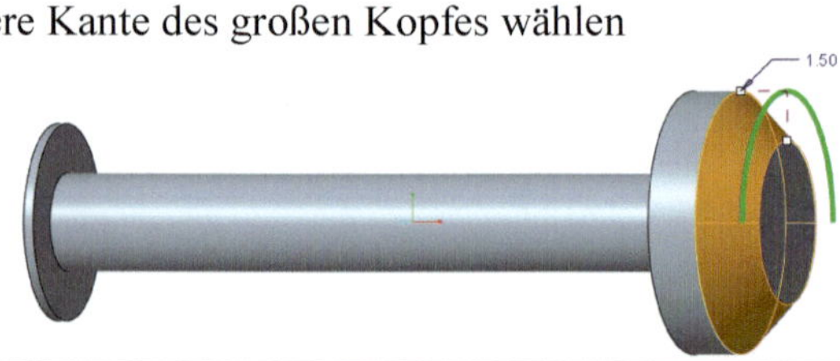

SCHALTPULT	**Fase modellieren**
Fasenart: <45xD> ⇒ ENTER Fasenwert: <1.5> ⇒ ENTER Mit Icon ✓ SCHALTPULT schließen.	

Rundung modellieren

REGISTRIERKARTE MODELL	**Rundung modellieren**
Mit LMB Icon *Rundung* anwählen → SCHALTPULT erscheint	
ARBEITSFENSTER	**Rundung modellieren**
Mit STRG + LMB die in der Abbildung gekennzeichneten Kanten wählen	

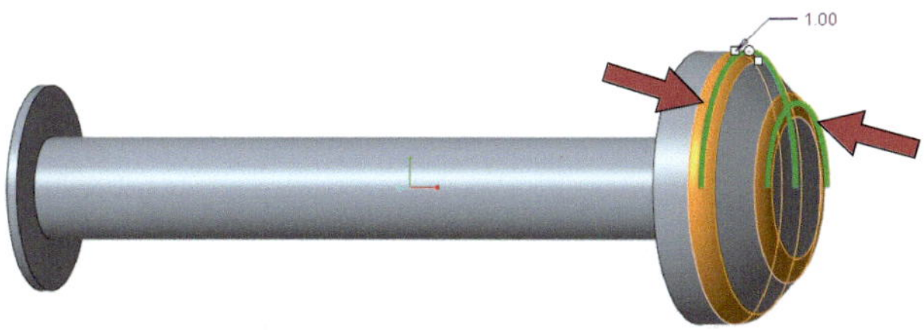

SCHALTPULT	**Rundung modellieren**
Radiuswert: <1> ⇒ ENTER Mit Icon ✓ SCHALTPULT schließen.	

3.2.5 Niet speichern

MENÜLEISTE	**Niet speichern**
Datei ⇒ Speichern ODER LMB ⇒	

3.3 Modellieren der Griffwange

Die Modellierung der Griffwange zeichnet sich durch die Verwendung der Funktion Profilrippe aus. Zudem wird die Verwendung von Mustern und der Vollverrundung vorgestellt.

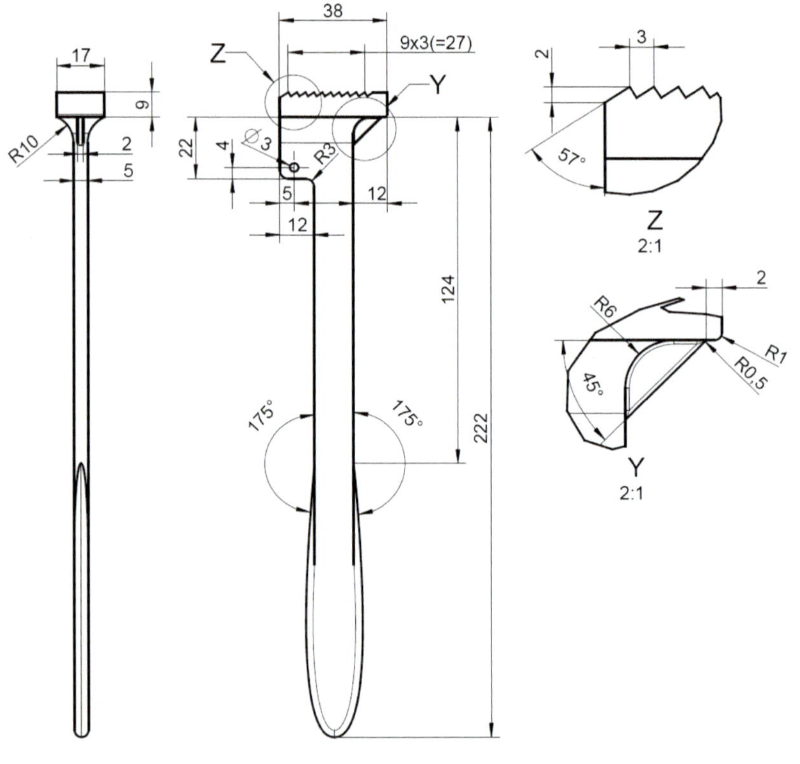

3.3.1 Neues Bauteil

Erzeugen eines neuen Bauteils; Name <griffwange>

3.3.2 Kopf modellieren

Quader erstellen

REGISTRIERKARTE MODELL	**Quader erstellen**
Mit LMB Icon *Profil* wählen → SCHALTPULT erscheint.	

ARBEITSFENSTER	**Quader erstellen**

Mit LMB Ebene [FRONT] selektieren ⇒ Icon *Skizzenansicht* wählen, um Skizze auszurichten
→ Skizzieransicht wird im ARBEITSFENSTER geöffnet
→ SKIZZIERWERKZEUGLEISTE erscheint

SKIZZIERWERKZEUGLEISTE	**Quader erstellen**

Mit LMB Icon *Ecken-Rechteck* wählen und eine Skizze entsprechend Abbildung erzeugen.

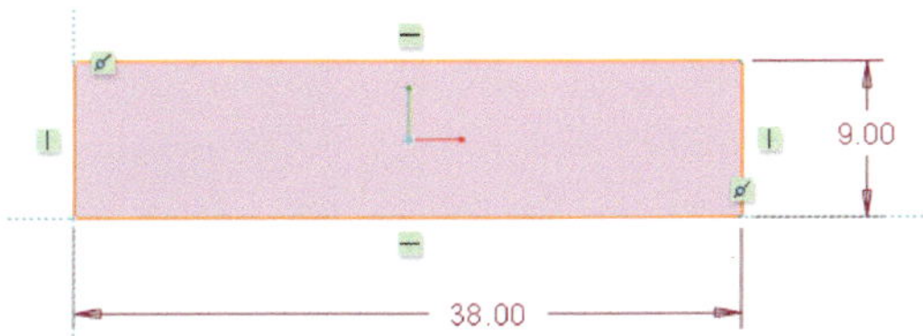

Mit Icon *OK* Skizzieransicht schließen.

SCHALTPULT	**Quader erstellen**

Mit LMB Pfeil anklicken, um Tiefenoption auszuwählen → Profil wird symmetrisch extrudiert
Tiefenwert: <17>
Mit Icon SCHALTPULT schließen.

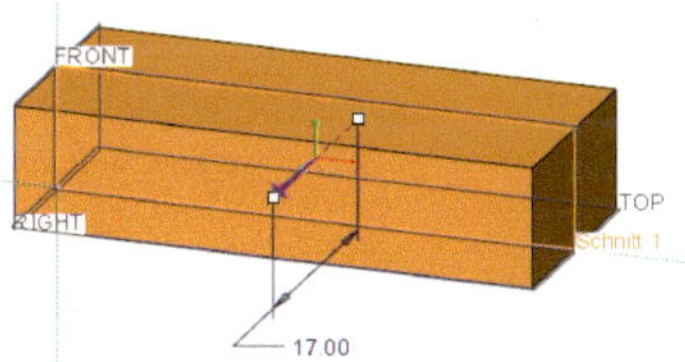

Ersten Zahn modellieren

REGISTRIERKARTE MODELL	**Ersten Zahn modellieren**

Mit LMB Icon *Profil* wählen → SCHALTPULT erscheint

ARBEITSFENSTER	**Ersten Zahn modellieren**

Mit LMB die in der Abbildung gekennzeichnete Fläche wählen ⇒ Icon *Skizzenansicht* wählen, um Skizze auszurichten
→ Skizzieransicht wird im ARBEITSFENSTER geöffnet
→ SKIZZIERWERKZEUGLEISTE erscheint

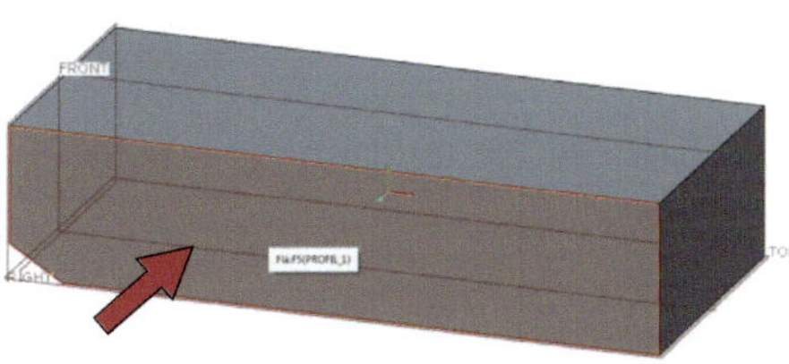

SKIZZIERWERKZEUGLEISTE	**Ersten Zahn modellieren**

Mit LMB Icon *Referenzen* wählen → Fenster **Referenzen** erscheint

ARBEITSFENSTER	**Ersten Zahn modellieren**

Mit LMB die Fasenfläche wählen (siehe Abbildung) → Kante wird als Referenz gekennzeichnet und in Fenster **Referenz** aufgenommen

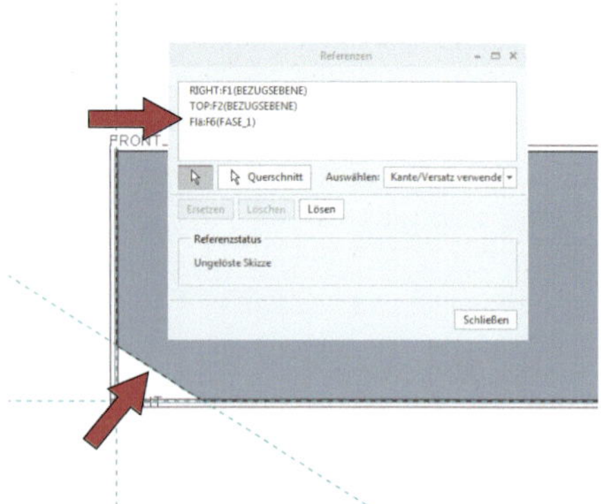

FENSTER **REFERENZEN**	**Ersten Zahn modellieren**

Mit LMB Button „Schließen“ wählen → Fenster wird geschlossen

ARBEITSFENSTER	**Ersten Zahn modellieren**

Skizze laut Abbildung erstellen

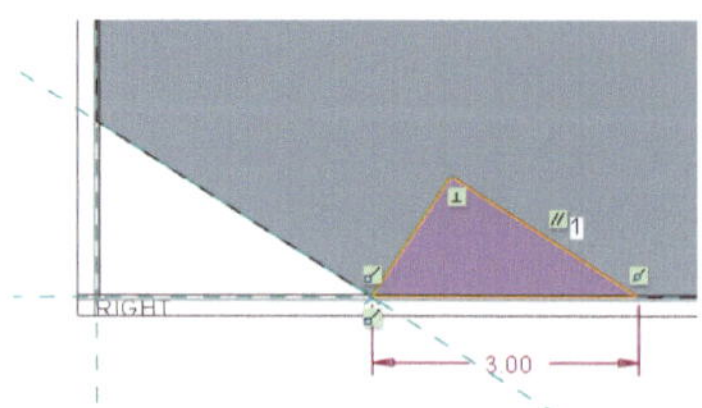

Mit Hilfe der Bedingungen *Senkrecht* und *Parallel* kann die Skizze so erstellt werden, dass nur ein Maß gesetzt werden muss. Generell ist zu empfehlen, so wenig Maße wie nötig und so viele Bedingungen wie möglich zu verwenden.

Mit Icon *OK* Skizzieransicht schließen.

SCHALTPULT	**Ersten Zahn modellieren**

Mit LMB Pfeil anklicken, um Tiefenoption auszuwählen → Profil wird bis zur nächsten Fläche extrudiert

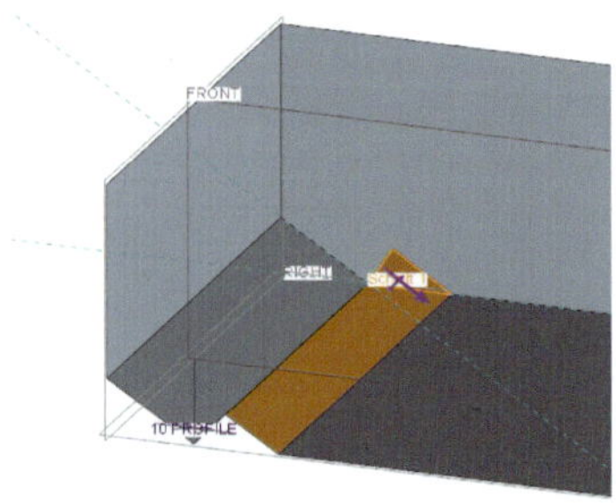

Mit Icon SCHALTPULT schließen.

Zähne mustern

Um nicht jeden der Zahn einzeln erzeugen zu müssen, bietet es sich an, die restlichen Zähne über ein Muster zu erzeugen.

Die Funktion *Muster* erzeugt Varianten des gewählten KEs, indem einige spezifizierte Bemaßungen variiert werden. Dabei wird das für das Mustern ausgewählte KE als Mustergrundelement bezeichnet. Das Erzeugen eines Musters ist eine schnelle Methode, um ein KE zu reproduzieren. Das Bearbeiten von Mustern ist effizienter als die Änderung einzelner KEs. Wenn bei einem Muster die Bemaßungen des Grundelements geändert werden, so übertragen sich die Änderungen auf alle Musterelemente.

Mustertypen

Bemaßung	Bestimmt das Muster durch Verwendung von steuernden Bemaßungen und durch das Festlegen von inkrementalen Änderungen am Muster. Bemaßungsmuster können unidirektional oder bidirektional sein: • unidirektional erzeugt ein Muster in eine Richtung von einer Gruppe aus gewählten Bemaßungen, die als Referenz dienen • bidirektional erzeugt ein Muster in zwei Richtungen von je zwei Gruppen aus gewählten Bemaßungen, die als Referenz dienen
Richtung	Durch Festlegen der Richtung und mit Hilfe von Ziehgriffen kann die Orientierung und das Inkrement gewählt werden. Richtungsmuster können unidirektional oder bidirektional sein.
Achse	Radiales Muster durch Festlegen von Winkel- und Radialinkrement. Das Muster kann auch in eine Spirale gezogen werden.
Füllen	Bestimmt das Muster durch Füllen eines Bereichs mit Varianten entsprechend eines ausgewählten Rasters.
Tabelle	Bestimmt das Muster durch die Verwendung einer Mustertabelle und durch die Festlegung der Bemaßungswerte für jede Mustervariante.
Referenz	Bestimmt das Muster durch Referenzieren eines anderen Musters. Es ist folglich erst dann auswählbar, wenn bereits ein Muster im Modell besteht.
Kurve	Das Muster entlang einer vordefinierten Kurve erzeugen.
Punkt	Die Musterelemente entsprechend von Punkten (z. B. Punktewolke) erzeugen.

ARBEITSFENSTER — Zähne mustern

Mit LMB eben erzeugte Profil im Arbeitsfenster oder im Navigationsbereich selektieren → *Muster* wird aktiviert

REGISTRIERKARTE MODELL — Zähne mustern

Mit LMB Icon *Muster* wählen → SCHALTPULT erscheint

SCHALTPULT — Zähne mustern

Mustertyp: <Richtung> wählen.

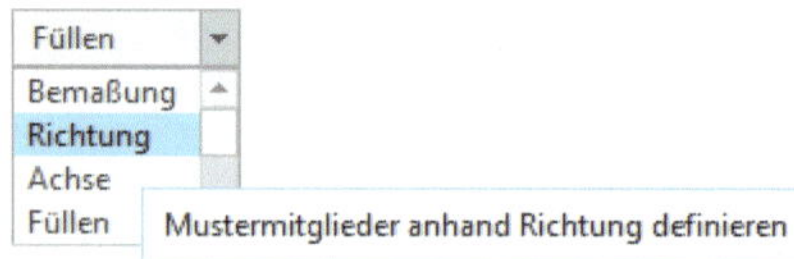

ARBEITSFENSTER — Zähne mustern

Mit LMB Ebene [RIGHT] wählen → als eigentliche Richtungsreferenz wird der Normalenvektor der Ebene verwendet

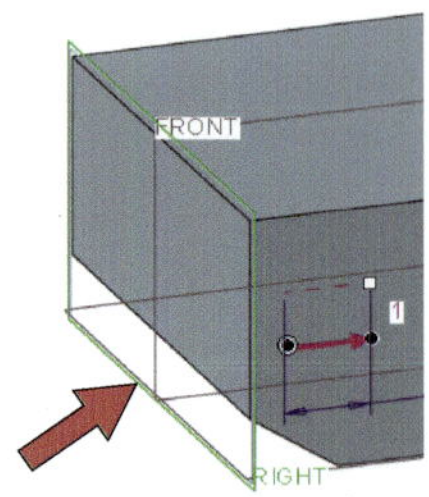

SCHALTPULT — Zähne mustern

Eingabefeld „Anzahl der Mitglieder in erster Richtung eingeben“ wählen: <10> ⇒ ENTER

Eingabefeld „Abstand zwischen Mustermitgliedern in erster Richtung eingeben.“: <3> ⇒ ENTER

Mit LMB Icon „Erste Richtung umkehren.“ wählen falls vorangezeigt Richtung nicht korrekt ist.

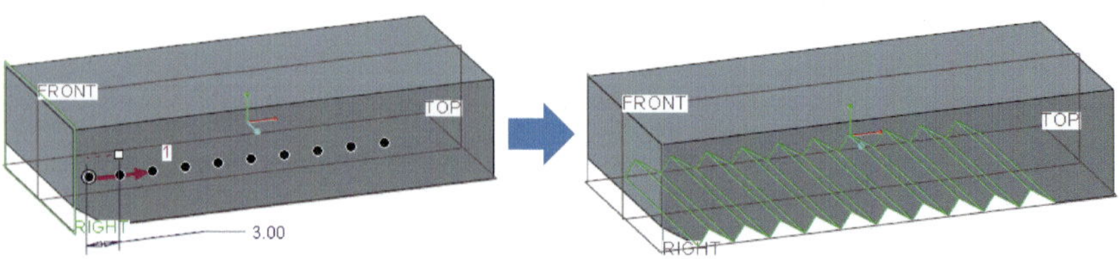

Mit Icon SCHALTPULT schließen.

3.3.3 Griff modellieren

Griffkontur extrudieren

REGISTRIERKARTE MODELL	**Griffkontur extrudieren**

Mit LMB Icon *Profil* wählen → SCHALTPULT erscheint

ARBEITSFENSTER	**Griffkontur extrudieren**

Mit LMB die Ebene [FRONT] wählen ⇒ Icon *Skizzenansicht* wählen, um Skizze auszurichten

→ Skizzieransicht wird im ARBEITSFENSTER geöffnet

→ SKIZZIERWERKZEUGLEISTE erscheint

SKIZZIERWERKZEUGLEISTE	**Griffkontur extrudieren**

Skizze laut Abbildung skizzieren

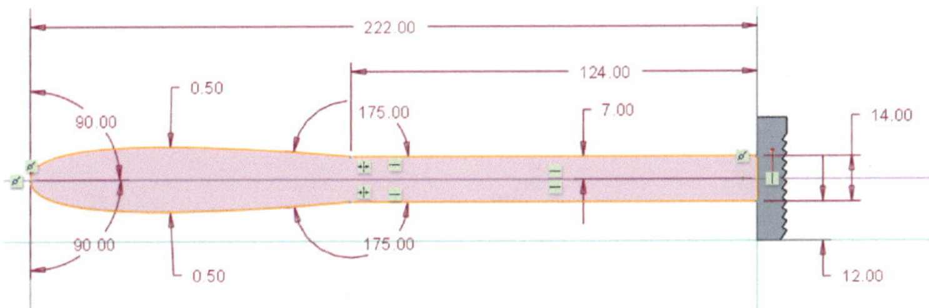

Das untere Ende des Griffs wird dabei mit Hilfe der Skizzierfunktion *Kegel* erstellt.

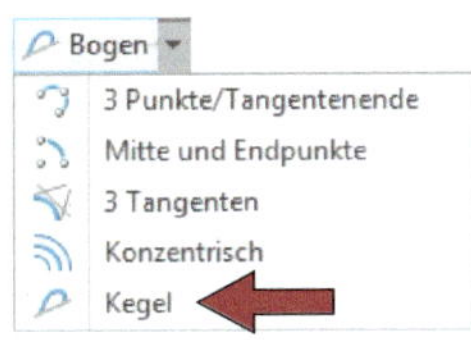

Mit Icon *OK* Skizzieransicht schließen.

SCHALTPULT	**Griffkontur extrudieren**

Mit LMB Pfeil anklicken, um Tiefenoption auszuwählen → Profil wird symmetrisch extrudiert

Tiefenwert: <5>

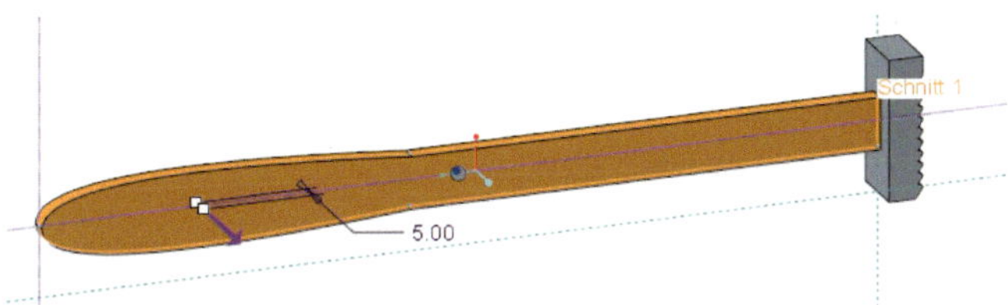

Mit Icon SCHALTPULT schließen.

Griff vollverrunden

Möchte man zwei gegenüberliegende Flächen über einen Radius verbinden, gibt es in Creo eine einfache Möglichkeit eine Vollverrundung durchzuführen. Hat man die Funktion *Rundung* gewählt, kann man über die Auswahl der beiden gegenüberliegenden Flächen in einen Satz die Funktion Vollverrundung aktivieren. Die Auswahl der verbindenden Fläche löst die Vollverrundung dieser aus. Dabei ist es nicht notwendig einen Radiuswert anzugeben.

<table>
<tr><td>REGISTRIERKARTE MODELL</td><td>Griff vollverrunden</td></tr>
<tr><td colspan="2">Mit LMB Icon Rundung wählen → SCHALTPULT erscheint</td></tr>
<tr><td>SCHALTPULT</td><td>Griff vollverrunden</td></tr>
<tr><td colspan="2">Mit LMB auf die Funktion „Sätze“ klicken → Dialog „Sätze“ klappt auf</td></tr>
<tr><td>ARBEITSFENSTER</td><td>Griff vollverrunden</td></tr>
<tr><td colspan="2">Mit STRG + LMB die beiden Seitenflächen wählen → im Dialog „Sätze“ wird die Vollrundung aktiviert, Feld „Verfahrfläche“ erscheint ⇒ mit LMB untere Mantelfläche wählen → Mantelfläche wird vollverrundet

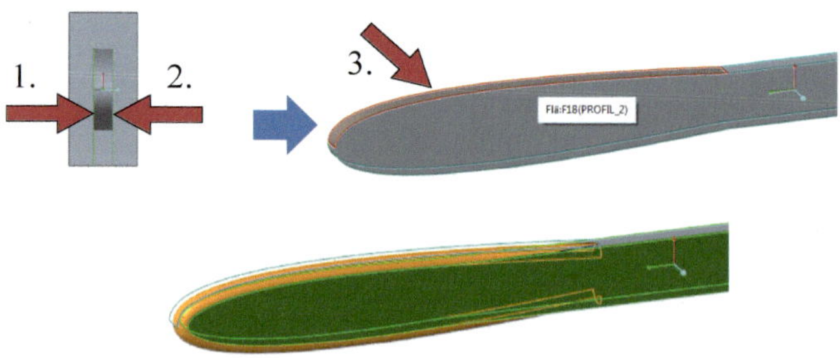

Mit Icon SCHALTPULT schließen.</td></tr>
</table>

3.3.4 Rippe erzeugen

Rippen in Creo lassen sich in zwei Arten unterteilen. Zum einen die *Rippenleitkurve*, mit der z. B. Rippen für Lüftungsgitter erzeugt werden können, und die *Profilrippe*, die z. B. für die Modellierung von Versteifungsrippen von Domen genutzt werden kann.

Rippe modellieren

REGISTRIERKARTE MODELL	**Rippe erzeugen**
Mit LMB Icon *Profilrippe* wählen → SCHALTPULT erscheint	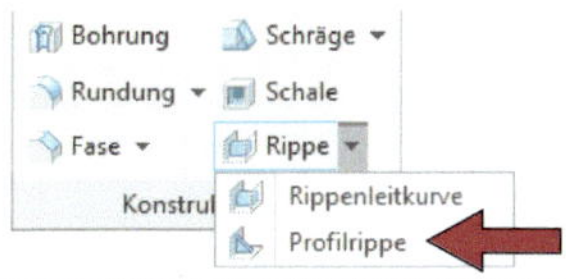
ARBEITSFENSTER	**Rippe erzeugen**
Mit LMB die Ebene [FRONT] wählen ⇒ Icon *Skizzenansicht* wählen, um Skizze auszurichten → Skizzieransicht wird im ARBEITSFENSTER geöffnet → SKIZZIERWERKZEUGLEISTE erscheint	
SKIZZIERWERKZEUGLEISTE	**Rippe erzeugen**
Offene Skizze laut Abbildung erzeugen Ist in der SKIZZIERWERKZEUGLEISTE die Funktion *Offene Enden hervorheben* *aktiviert, werden offene Enden in einer Skizze mit roten Quadraten gekennzeichnet.* Mit Icon *OK* Skizzieransicht schließen	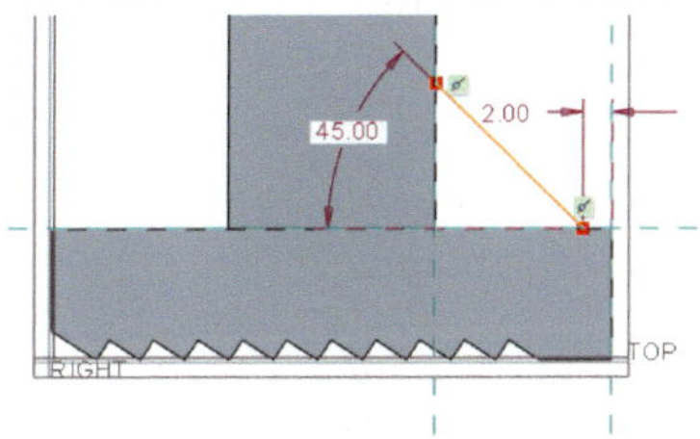
SCHALTPULT	**Rippe erzeugen**
Wanddicke: <2.00> Über das Icon kann die Ausprägung der Wanddicke zwischen symmetrisch zur, links von oder rechts von der Skizzierebene umgeschaltet werden. Mit Icon SCHALTPULT schließen.	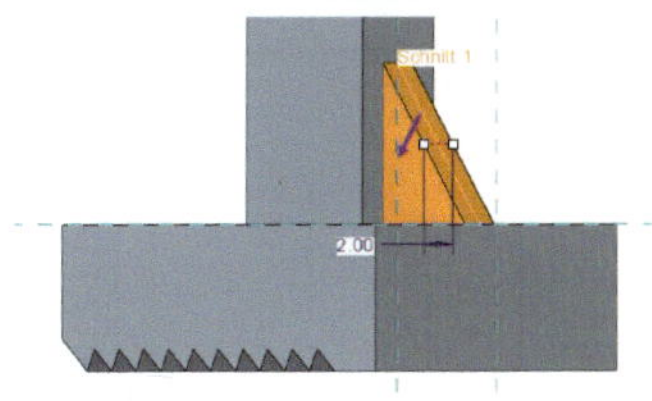

3.3.5 Bohrung modellieren

Bohrungsaufnahme erzeugen

REGISTRIERKARTE MODELL	**Bohrungsaufnahme erzeugen**
Mit LMB Icon *Profilrippe* wählen → SCHALTPULT erscheint	
ARBEITSFENSTER	**Bohrungsaufnahme erzeugen**
Mit LMB die Ebene [FRONT] wählen ⇒ Icon *Skizzenansicht* wählen, um Skizze auszurichten → Skizzieransicht wird im ARBEITSFENSTER geöffnet → SKIZZIERWERKZEUGLEISTE erscheint	

SKIZZIERWERKZEUGLEISTE	**Bohrungsaufnahme erzeugen**
Offene Skizze gemäß Abbildung erzeugen Mit Icon *OK* ✔ Skizzieransicht schließen	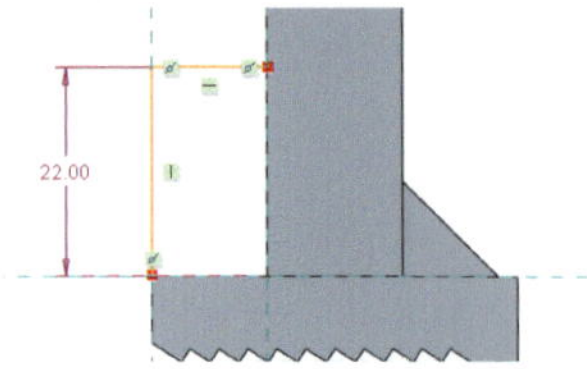
SCHALTPULT	**Griffkontur extrudieren**
Wanddicke: <5.00> Mit Icon ✔ SCHALTPULT schließen.	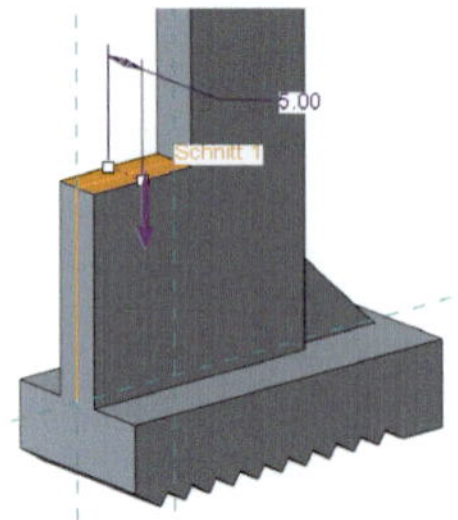

Bohrung erzeugen

REGISTRIERKARTE MODELL	**Bohrung erzeugen**
Mit LMB Icon *Bohrung* wählen → SCHALTPULT erscheint	
SCHALTPULT	**Bohrung erzeugen**
Mit LMB Button *Platzierung* wählen. → Dialog PLATZIERUNG klappt auf	
ARBEITSFENSTER	**Bohrung erzeugen**
Mit LMB Seitenfläche der Bohrungsaufnahme wählen	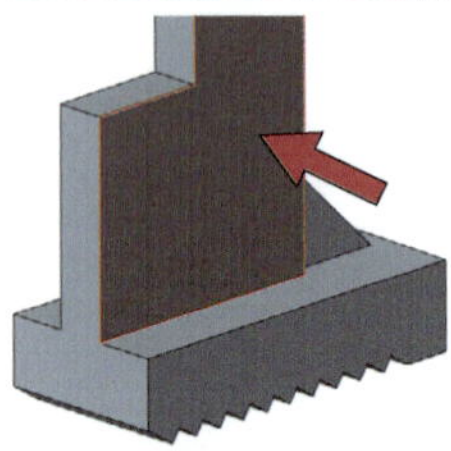
SCHALTPULT	**Bohrung erzeugen**
Mit LMB Button *Platzierung* wählen. Platzierungstyp „Linear“ ist bereits vorgewählt. Mit LMB auf Schriftzug „Hier klicken, u...“ im Bereich „Versatzreferenzen“ klicken.	

ARBEITSFENSTER	**Bohrung erzeugen**
Mit STRG + LMB die in der Abbildung dargestellten Flächen wählen	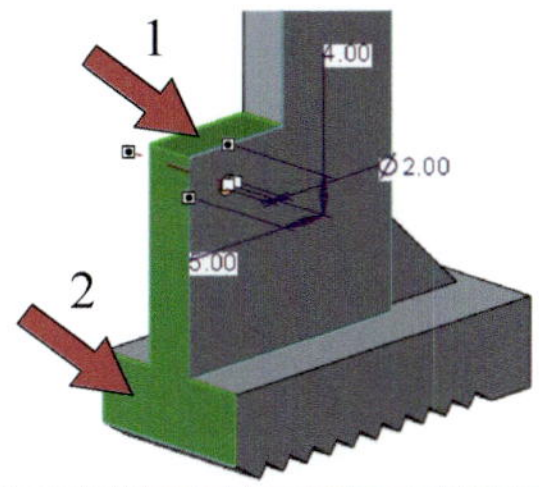

DIALOG PLATZIERUNG	**Bohrung erzeugen**
Versatzwert für Fläche 1: <4.00> ⇒ ENTER Versatzwert für Fläche 2: <5.00> ⇒ ENTER	

SCHALTPULT	**Bohrung erzeugen**
Bohrungsdurchmesser: <10> ⇒ ENTER ⇒ mit LMB Pfeil anklicken, um Tiefenoption zu wählen ⇒ die Option „Bis zu nächster Fläche bohren" wählen Mit Icon SCHALTPULT schließen.	

3.3.6 Modell verrunden

Im KE *Rundung* lassen sich mehrere Verrundungen zu sog. Sätzen zusammenfassen. Jeder Satz besteht aus beliebig vielen Kanten, die jeweils mit dem gleichen Radius verrundet sind. Trotz einer großen Anzahl an KEs kann dadurch der Modellbaum kurz und übersichtlich gehalten werden.

Kopf verrunden

REGISTRIERKARTE MODELL	**Kopf verrunden**
Mit LMB Icon *Rundung* wählen → SCHALTPULT erscheint	

ARBEITSFENSTER	**Kopf verrunden**
Kanten zu dem aktuellen Satz hinzufügen: Mit STRG + LMB auf Kante klicken Neuen Satz hinzufügen: Mit LMB auf Kante klicken Folgende Sätze mit den entsprechenden Kanten erzeugen:	

Satz 1	Satz 2	Satz 3	Satz 4
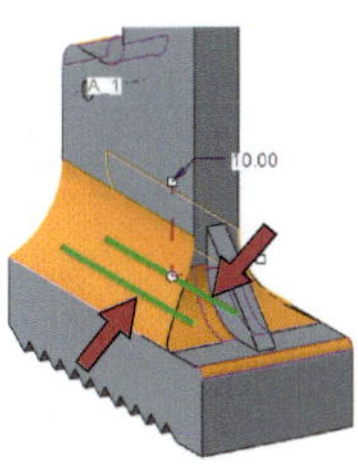	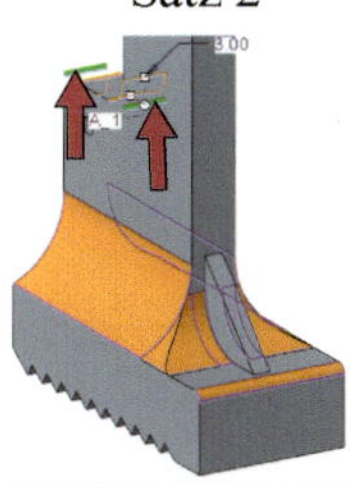	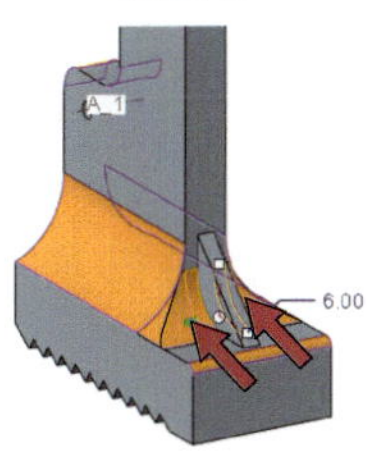	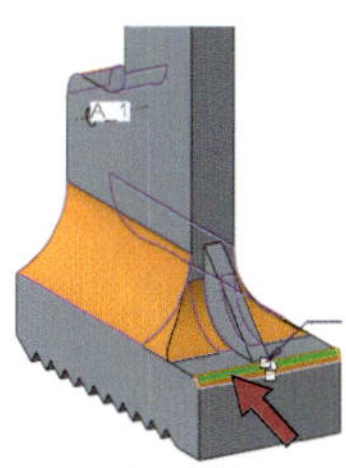

SCHALTPULT	**Bohrung erzeugen**

Radiuswerte:

1. Satz: <10.00>
2. Satz: <3.00>
3. Satz: <6.00>
4. Satz: <1.00>

Mit Icon SCHALTPULT schließen.

Rippe *verrunden*

REGISTRIERKARTE MODELL	**Rippe verrunden**
Mit LMB Icon *Rundung* wählen → SCHALTPULT erscheint	

ARBEITSFENSTER	**Rippe verrunden**

Mit STRG + LMB die Kanten (6) der Rippe auswählen

Radiuswert

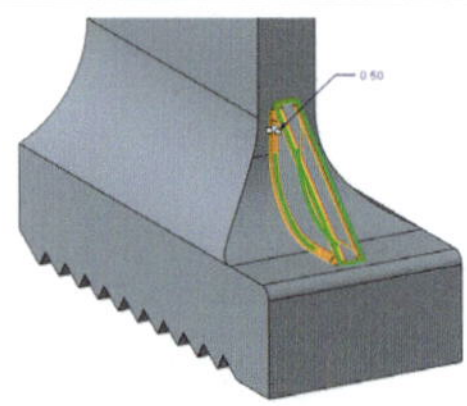

Mit Icon SCHALTPULT schließen.

SCHALTPULT	**Rippe verrunden**

Radiuswerte: <0.5>

Mit Icon SCHALTPULT schließen.

3.3.7 Griffwange speichern

MENÜLEISTE	**Griffwange speichern**
Datei ⇒ Speichern ODER LMB ⇒	

3.4 Verstellbare Wange

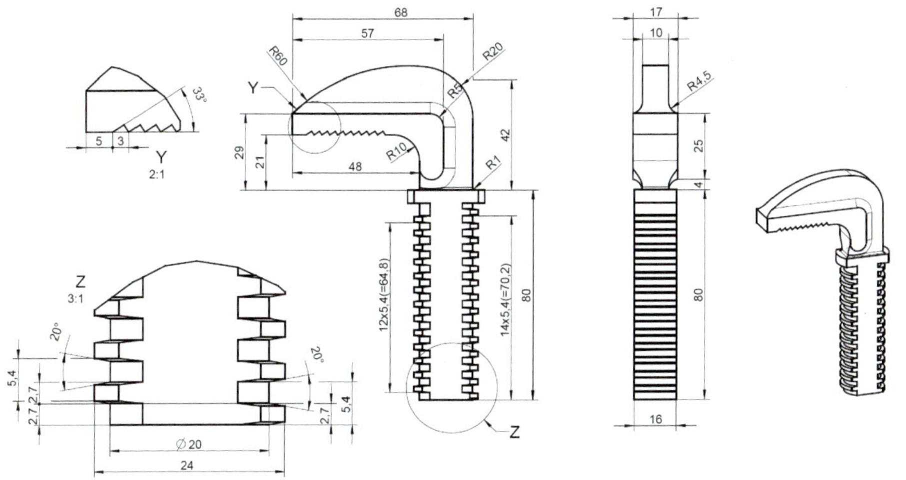

3.4.1 Neues Bauteil

Erzeugen eines neuen Bauteils; Name <verstellbare_wange>

3.4.2 Schaft modellieren

REGISTRIERKARTE MODELL	**Schaft modellieren**
Mit LMB Icon *Drehen* wählen → SCHALTPULT erscheint	
ARBEITSFENSTER	**Schaft modellieren**
Mit LMB die Ebene [FRONT] wählen ⇒ Icon *Skizzenansicht* wählen, um Skizze auszurichten → Skizzieransicht wird im ARBEITSFENSTER geöffnet → SKIZZIERWERKZEUGLEISTE erscheint	

SKIZZIERWERKZEUGLEISTE	**Schaft modellieren**
Mit LMB Icon *Mittellinie* (Geometriemittellinie) wählen ⇒ Mittellinie auf vertikale Referenz legen Mit LMB Icon *Linienkette* wählen. ⇒ Abbildung dargestellte Kontur skizzieren Mit Icon *OK* Skizzieransicht schließen	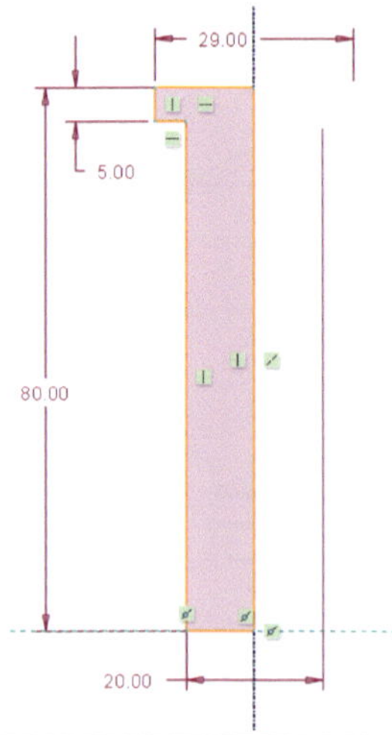

SCHALTPULT	**Schaft modellieren**
Winkelwert: <360.0> Mit Icon SCHALTPULT schließen.	

3.4.3 Zähne modellieren

Ersten Zahn auf erster Seite erzeugen

REGISTRIERKARTE MODELL	**Zahn erzeugen**
Mit LMB Icon *Drehen* wählen → SCHALTPULT erscheint	
ARBEITSFENSTER	**Zahn erzeugen**
Mit LMB die Ebene [FRONT] wählen ⇒ Icon *Skizzenansicht* wählen, um Skizze auszurichten → Skizzieransicht wird im ARBEITSFENSTER geöffnet → SKIZZIERWERKZEUGLEISTE erscheint	
SKIZZIERWERKZEUGLEISTE	**Zahn erzeugen**
⇒ Mit Funktion *Mittellinie* (Geometrie) die Rotationsachse auf die Achse des Schaftes legen ⇒ Mit Funktion *Linienkette* und *Mittellinie* (Konstruktion) den Querschnitt gemäß Abbildung skizzieren	

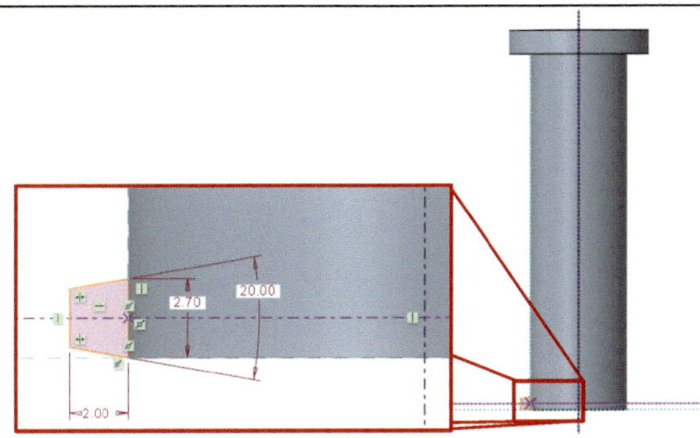

Mit Icon *OK* Skizzieransicht schließen

SCHALTPULT	**Zahn erzeugen**

Mit LMB Pfeil anklicken, um Winkeloption auszuwählen → Profil wird um die Hälfte in jede Richtung gedreht

Winkelwert: <180.0>

Mit Icon SCHALTPULT schließen.

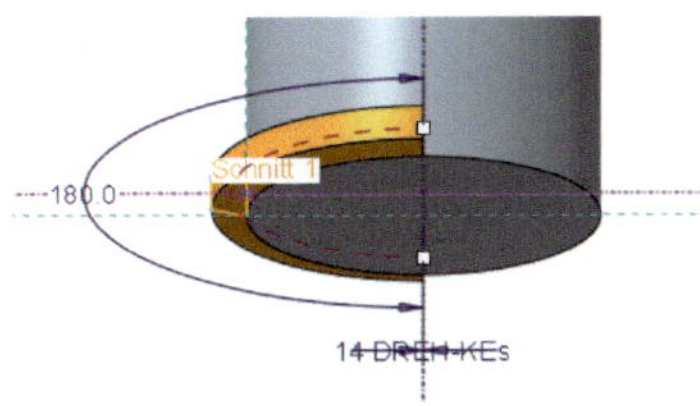

Zahn mustern

ARBEITSFENSTER	**Zähne mustern**
Mit LMB gerade erzeugter Zahn im Arbeitsfenster oder im Navigationsbereich selektieren → *Muster* wird aktiviert	
REGISTRIERKARTE MODELL	**Zähne mustern**
Mit LMB Icon *Muster* wählen → SCHALTPULT erscheint	
SCHALTPULT	**Zähne mustern**
Mustertyp: <Richtung> wählen.	
ARBEITSFENSTER	**Zähne mustern**
Mit LMB Ebene [TOP] wählen	

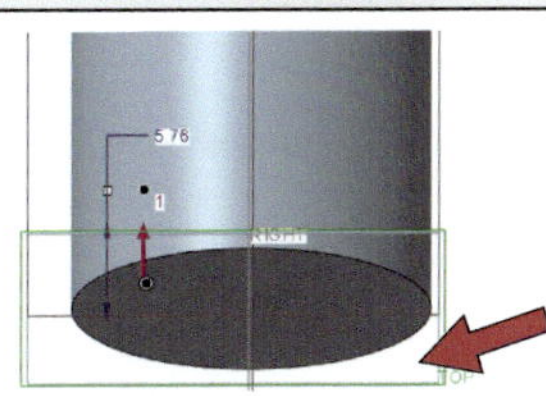

SCHALTPULT — **Zähne mustern**

Eingabefeld „Anzahl der Mitglieder in erster Richtung eingeben“ wählen: <14> ⇒ ENTER

Eingabefeld „Abstand zwischen Mustermitgliedern in erster Richtung eingeben.“: <5.40> ⇒ ENTER

Mit LMB Icon „Erste Richtung umkehren.“ wählen falls vorangezeigt Richtung nicht korrekt ist.

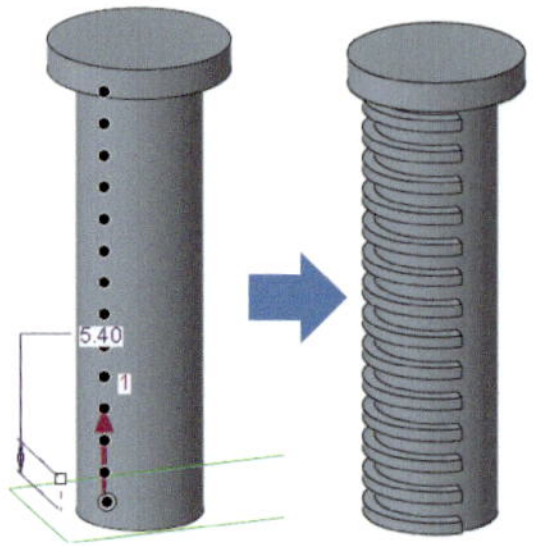

Mit Icon SCHALTPULT schließen.

Ersten Zahn auf zweiter Seite erzeugen

REGISTRIERKARTE MODELL — **Zahn erzeugen**

Mit LMB Icon *Drehen* wählen → SCHALTPULT erscheint

ARBEITSFENSTER — **Zahn erzeugen**

Mit LMB die Ebene [FRONT] wählen ⇒ Icon *Skizzenansicht* wählen, um Skizze auszurichten

→ Skizzieransicht wird im ARBEITSFENSTER geöffnet

→ SKIZZIERWERKZEUGLEISTE erscheint

SKIZZIERWERKZEUGLEISTE — **Zahn erzeugen**

⇒ Mit Funktion *Mittellinie* (Geometrie) die Rotationsachse auf die Achse des Schaftes legen

⇒ Mit Funktion *Linienkette* und *Mittellinie* (Konstruktion) den Querschnitt gemäß Abbildung skizzieren

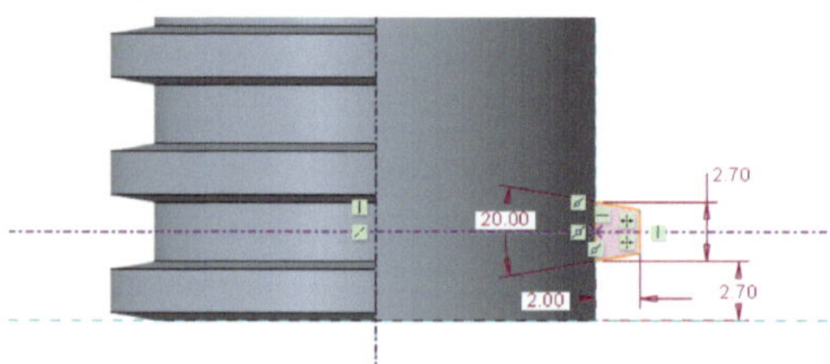

Mit Icon *OK* Skizzieransicht schließen

SCHALTPULT	**Zahn erzeugen**
Mit LMB Pfeil anklicken, um Winkeloption auszuwählen Winkelwert: <180.0> Mit Icon SCHALTPULT schließen.	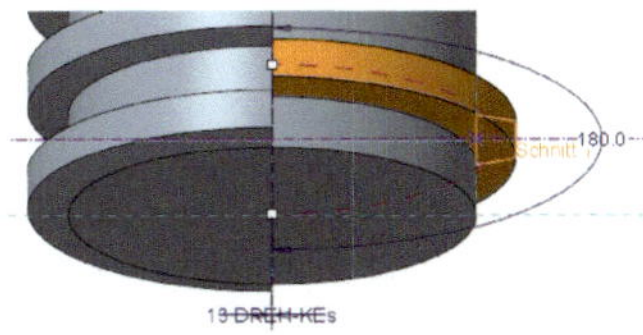

Zähne mustern

Das Mustern der zweiten Zahnreihe ist analog zur ersten Zahnreihe durchzuführen:

Anzahl der Mitglieder: <12>
Abstand zwischen Mustermitgliedern: <5.40>

3.4.4 Seitliche Abflachung modellieren

Bezugsebene erzeugen

REGISTRIERKARTE MODELL	**Bezugsebene erzeugen**
Mit LMB Icon *Ebene* wählen → Fenster **Bezugsebene** erscheint	
ARBEITSFENSTER	**Bezugsebene erzeugen**
Mit LMB die Ebene [FRONT] wählen	
FENSTER BEZUGSEBENE	**Bezugsebene erzeu-**
Translation: <8.00> Mit Button *OK* Fenster **Bezugsebene** schließen	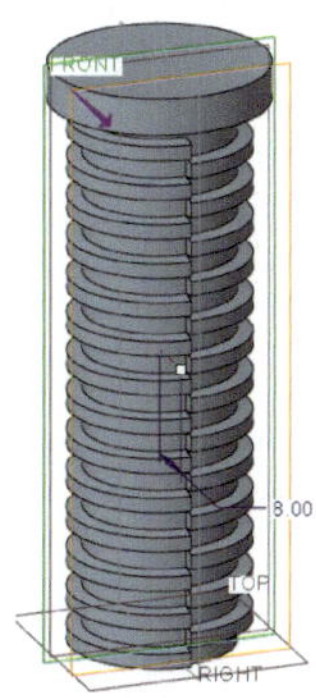 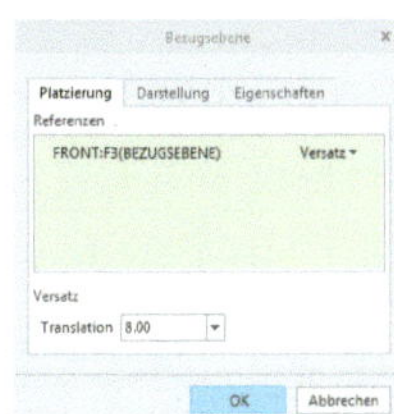

Erste Abflachung erzeugen

REGISTRIERKARTE MODELL	**Abflachung erzeugen**
Mit LMB Icon *Profil* wählen → SCHALTPULT erscheint	
ARBEITSFENSTER	**Abflachung erzeugen**
Mit LMB die Ebene [DTM1] wählen ⇒ Icon *Skizzenansicht* wählen, um Skizze auszurichten → Skizzieransicht wird im ARBEITSFENSTER geöffnet → SKIZZIERWERKZEUGLEISTE erscheint	
SKIZZIERWERKZEUGLEISTE	**Abflachung erzeugen**
Skizze gemäß Abbildung erzeugen Mit Funktion *Rechteck* eine Kontur entlang der äußeren Kanten des aktuellen Modells erzeugen Mit Icon *OK* Skizzieransicht schließen	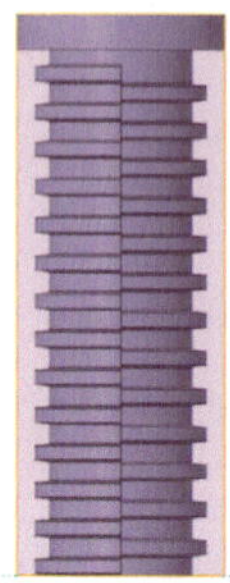
SCHALTPULT	**Abflachung erzeugen**
Mit LMB Icon *Material entfernen* wählen ⇒ Mit LMB Pfeil anklicken, um Tiefenoption auszuwählen ⇒ Mit LMB Icon wählen, um evtl. Tiefenrichtung umzuschalten Mit Icon SCHALTPULT schließen.	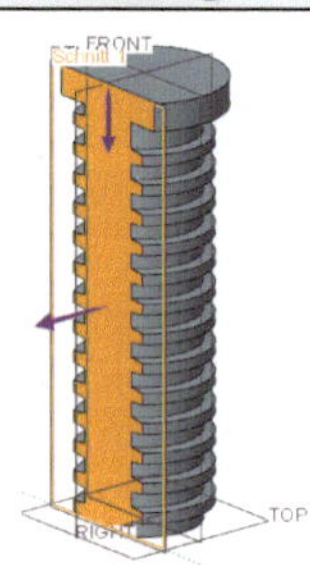

Erste Abflachung spiegeln

ARBEITSFENSTER	**Abflachung spiegeln**
Mit LMB gerade erzeugtes Profil im Arbeitsfenster oder im Navigationsbereich selektieren → Funktion *Spiegeln* wird aktiviert	
REGISTRIERKARTE MODELL	**Abflachung spiegeln**
Mit LMB Icon *Spiegeln* wählen → SCHALTPULT erscheint	
ARBEITSFENSTER	**Abflachung spiegeln**
Mit LMB Bezugsebene [FRONT] selektieren.	

SCHALTPULT	**Abflachung spiegeln**
Mit Icon *Bestätigen* SCHALTPULT schließen.	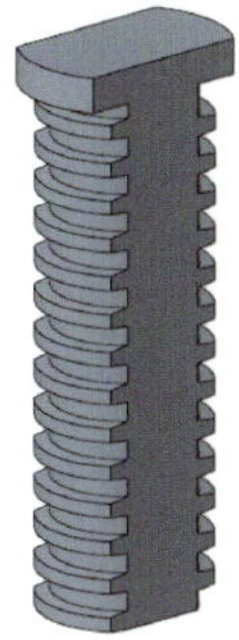

3.4.5 Wange modellieren

Grundkörper erzeugen

REGISTRIERKARTE MODELL	**Grundkörper erzeugen**
Mit LMB Icon *Profil* wählen → SCHALTPULT erscheint	
ARBEITSFENSTER	**Grundkörper erzeugen**
Mit LMB die Ebene [FRONT] wählen ⇒ Icon *Skizzenansicht* wählen, um Skizze auszurichten → Skizzieransicht wird im ARBEITSFENSTER geöffnet → SKIZZIERWERKZEUGLEISTE erscheint	
SKIZZIERWERKZEUGLEISTE	**Grundkörper erzeugen**
Skizze gemäß Abbildung erzeugen Mit den Funktionen *Linienkette* und *Bogen* am oberen Ende des Schaftes geschlossene Kontur skizzieren. Mit Icon *OK* Skizzieransicht schließen.	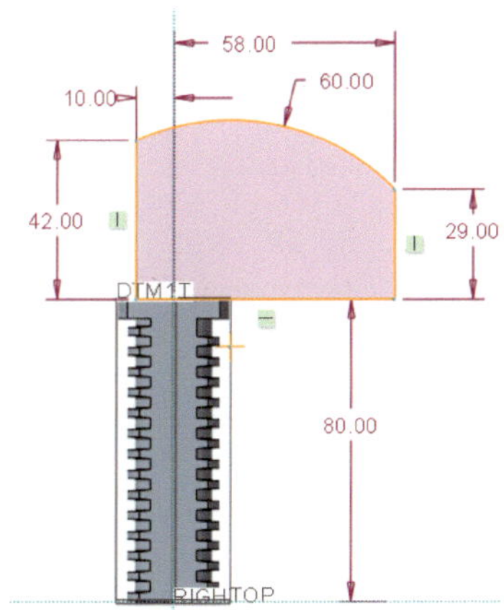

SCHALTPULT	**Grundkörper erzeugen**
Mit LMB Pfeil anklicken, um Tiefenoption auszuwählen → Profil wird symmetrisch extrudiert Tiefenwert: <10.00> Mit Icon SCHALTPULT schließen.	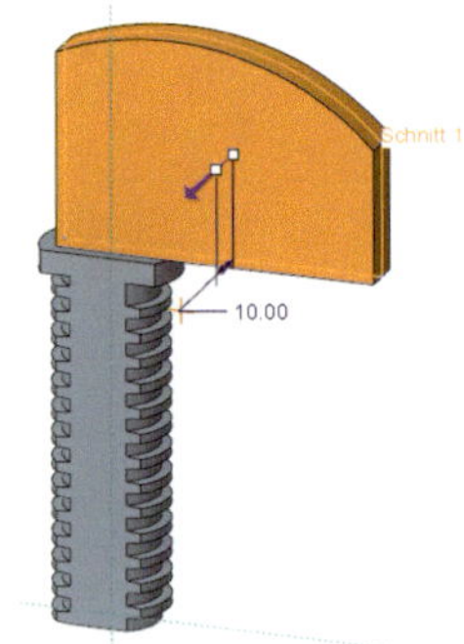

Verstärkung modellieren

REGISTRIERKARTE MODELL	**Verstärkung erzeugen**
Mit LMB Icon *Profil* wählen → SCHALTPULT erscheint	

ARBEITSFENSTER	**Verstärkung erzeugen**
Mit LMB die Ebene [FRONT] wählen ⇒ Icon *Skizzenansicht* wählen, um Skizze auszurichten → Skizzieransicht wird im ARBEITSFENSTER geöffnet → SKIZZIERWERKZEUGLEISTE erscheint	

SKIZZIERWERKZEUGLEISTE	**Verstärkung erzeugen**
Skizze gemäß Abbildung erzeugen Mit der Funktion *Rechteck* geschlossene Kontur erzeugen Mit Icon *OK* Skizzieransicht schließen.	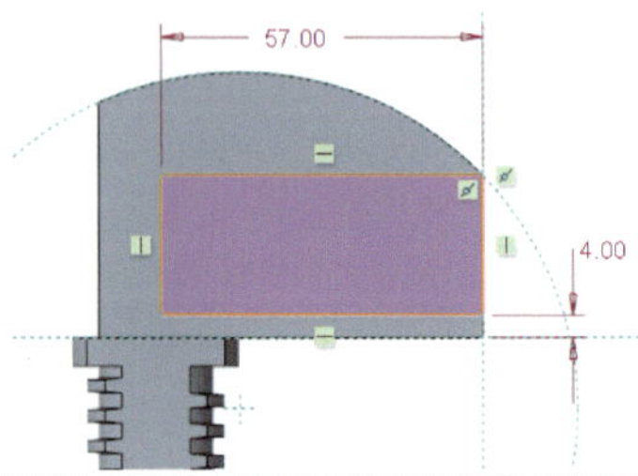

SCHALTPULT	**Verstärkung erzeugen**
Mit LMB Pfeil anklicken, um Tiefenoption auszuwählen → Profil wird symmetrisch extrudiert Tiefenwert: <17.00> Mit Icon SCHALTPULT schließen.	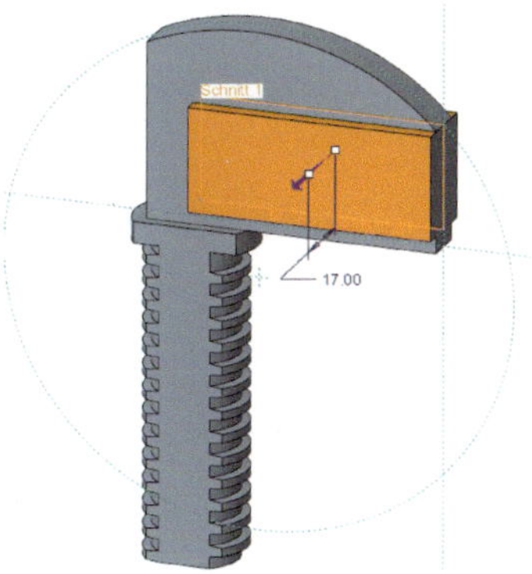

Aussparung erzeugen

REGISTRIERKARTE MODELL	**Aussparung erzeugen**
Mit LMB Icon *Profil* wählen → SCHALTPULT erscheint	
ARBEITSFENSTER	**Aussparung erzeugen**
Mit LMB die Ebene [FRONT] wählen ⇒ Icon *Skizzenansicht* wählen, um Skizze auszurichten → Skizzieransicht wird im ARBEITSFENSTER geöffnet → SKIZZIERWERKZEUGLEISTE erscheint	
SKIZZIERWERKZEUGLEISTE	**Aussparung erzeugen**
Skizze gemäß Abbildung erzeugen Mit der Funktion *Rechteck* geschlossene Kontur erzeugen Mit Icon *OK* Skizzieransicht schließen.	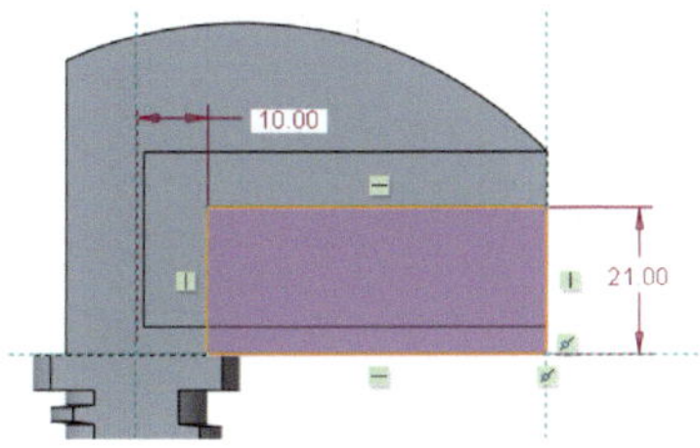

SCHALTPULT	**Aussparung erzeugen**
Mit LMB Icon *Material entfernen* wählen ⇒ Mit LMB die Registerkarte *Optionen* wählen ⇒ Seite 1 auf *Bis nächst.* ⇒ Seite 2 auf *Bis nächst.* Mit Icon SCHALTPULT schließen.	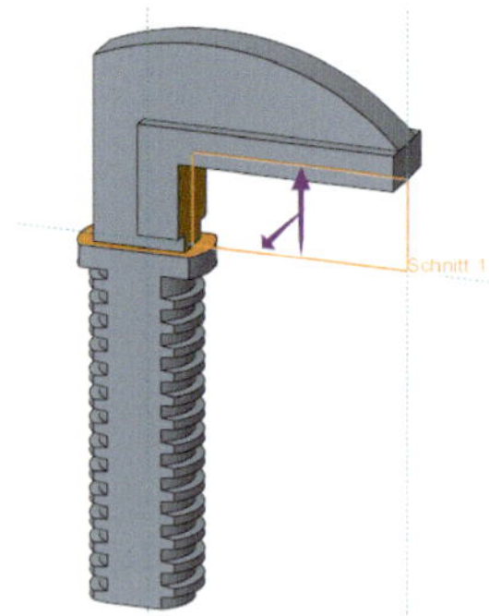

3.4.6 Verzahnung modellieren

Erste Zahnlücke modellieren

REGISTRIERKARTE MODELL	**Erste Zahnlücke modellieren**
Mit LMB Icon *Profil* wählen → SCHALTPULT erscheint	
ARBEITSFENSTER	**Erste Zahnlücke modellieren**
Mit LMB die Ebene [FRONT] wählen ⇒ Icon *Skizzenansicht* wählen, um Skizze auszurichten → Skizzieransicht wird im ARBEITSFENSTER geöffnet → SKIZZIERWERKZEUGLEISTE erscheint	
SKIZZIERWERKZEUGLEISTE	**Erste Zahnlücke modellieren**
Mit LMB Icon *Linienkette* geschlossene Kontur eines rechtwinkligen Dreiecks skizzieren	

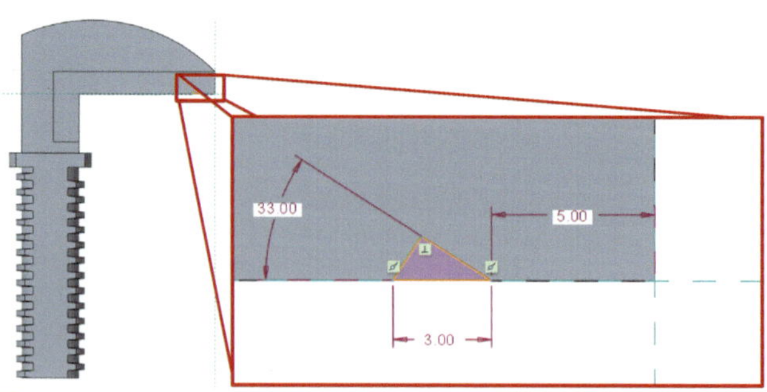

Mit Icon *OK* Skizzieransicht schließen.

SCHALTPULT	**Erste Zahnlücke modellieren**
Mit LMB Icon *Material entfernen* wählen ⇒ Mit LMB die Registerkarte *Optionen* wählen ⇒ Seite 1 auf *Bis nächst.* ⇒ Seite 2 auf *Bis nächst.* Mit Icon SCHALTPULT schließen.	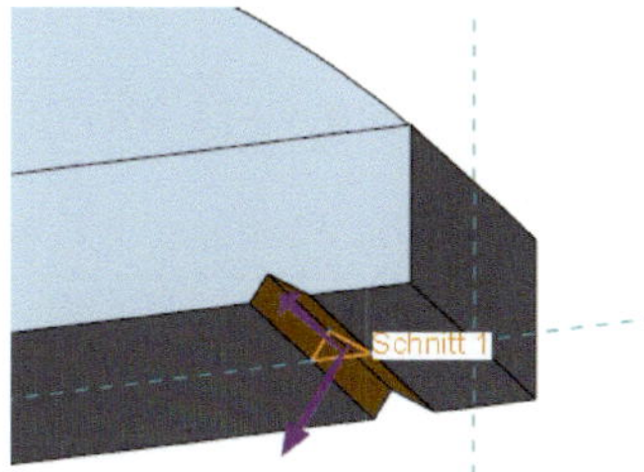

Erste Zahnlücke mustern

ARBEITSFENSTER	**Zahnlücke mustern**
Mit LMB gerade erzeugte Profil im Arbeitsfenster oder im Navigationsbereich selektieren → *Muster* wird aktiviert	

REGISTRIERKARTE MODELL	**Zahnlücke mustern**
Mit LMB Icon *Muster* wählen → SCHALTPULT erscheint	

SCHALTPULT	**Zahnlücke mustern**
Mustertyp: <Richtung> wählen.	

ARBEITSFENSTER	**Zahnlücke mustern**
Mit LMB Ebene [RIGHT] wählen	

SCHALTPULT	**Zahnlücke mustern**
Eingabefeld „Anzahl der Mitglieder in erster Richtung eingeben“ wählen: <10> ⇒ ENTER Eingabefeld „Abstand zwischen Mustermitgliedern in erster Richtung eingeben.“: <3> ⇒ ENTER Mit LMB Icon „Erste Richtung umkehren.“ wählen falls vorangezeigte Richtung nicht korrekt ist. 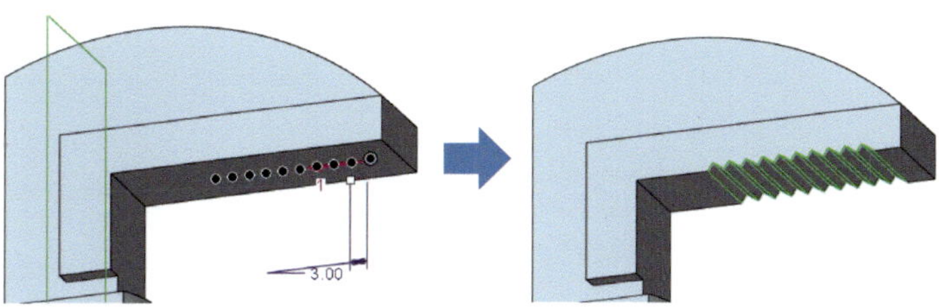 Mit Icon SCHALTPULT schließen.	

3.4.7 Modell verrunden

Erste Verrundungen

REGISTRIERKARTE MODELL	**Erste Verrundungen**
Mit LMB Icon *Rundung*  wählen → SCHALTPULT erscheint	
ARBEITSFENSTER	**Erste Verrundungen**

Kanten zu dem aktuellen Satz hinzufügen: Mit STRG + LMB auf Kante klicken
Neuen Satz hinzufügen: Mit LMB auf Kante klicken
Folgende Sätze mit den entsprechenden Kanten erzeugen:

Satz 1

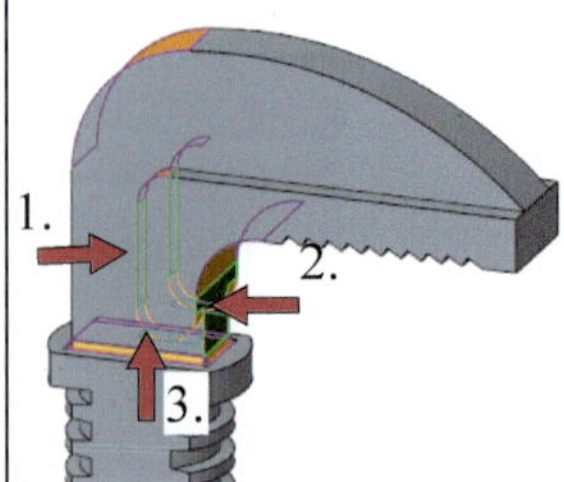

(Vollverrundung)

Satz 2

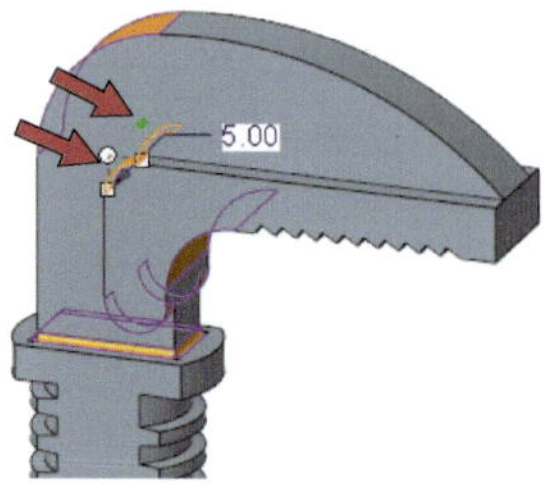

Satz 3

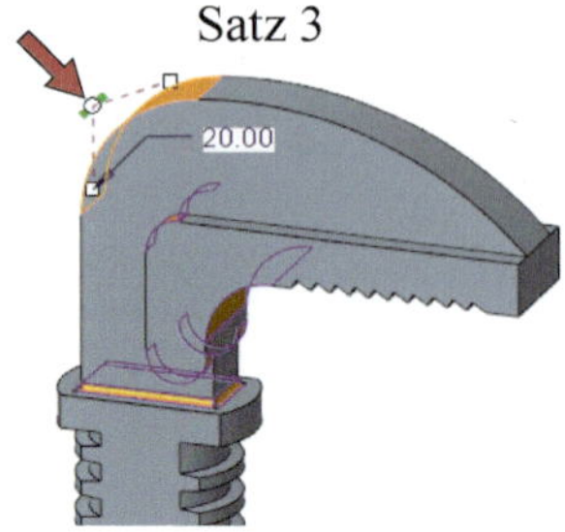

Satz 4

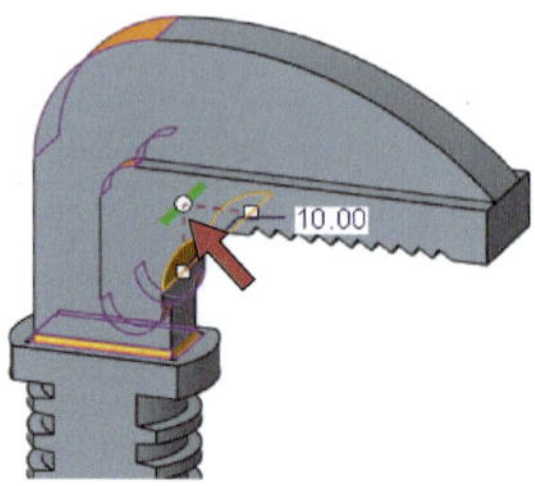

Satz 5

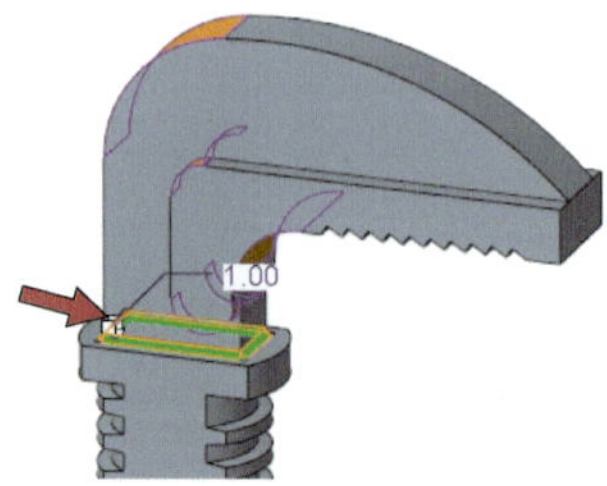

SCHALTPULT	**Erste Verrundungen**
Radiuswerte: 1. Satz: Vollverrundung 2. Satz: <5.00> 3. Satz: <20.00> 4. Satz: <10.00> 5. Satz: <1.00> Mit Icon ✓ SCHALTPULT schließen.	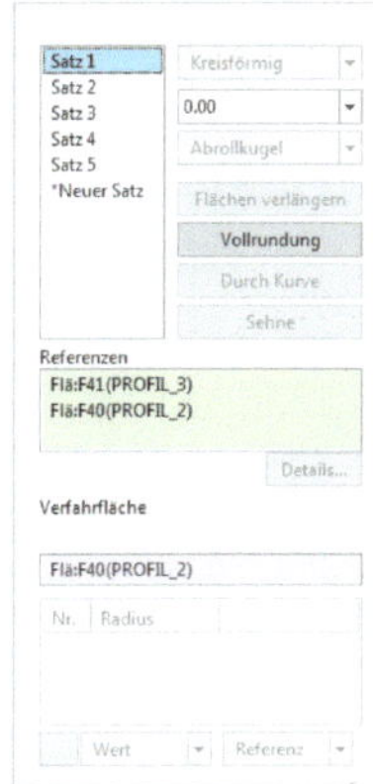

Verstärkung verrunden

REGISTRIERKARTE MODELL	**Verstärkung verrunden**
Mit LMB Icon *Rundung* wählen → SCHALTPULT erscheint	
ARBEITSFENSTER	**Verstärkung verrunden**
Mit STRG + LMB auf in Abbildung gekennzeichneten Kanten klicken	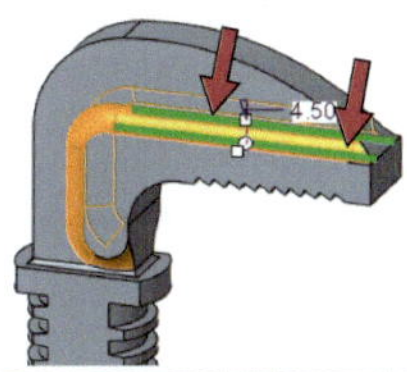
SCHALTPULT	**Verstärkung verrunden**
Radiuswerte: <4.50> Mit Icon ✓ SCHALTPULT schließen.	

3.4.8 Verstellbare Wange speichern

MENÜLEISTE	**Verstellbare Wange speichern**
Datei ⇒ Speichern ODER LMB ⇒	

3.5 Stellmutter

Das Besondere bei der Stellmutter ist das spiralförmige Zug-KE, welches das einfache Erzeugen von helixförmigen Strukturen ermöglicht. Außerdem wird ein rotationssymmetrisches Muster („Achse“) verwendet.

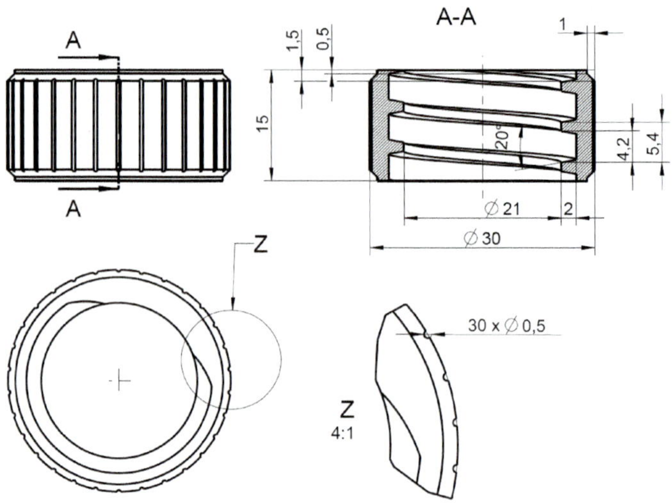

3.5.1 Neues Bauteil

Erzeugen eines neuen Bauteils; Name <stellmutter>

3.5.2 Grundkörper modellieren

Körper drehen

REGISTRIERKARTE MODELL	**Grundkörper modellieren**
Mit LMB Icon *Profil* wählen → SCHALTPULT erscheint	
ARBEITSFENSTER	**Grundkörper modellieren**
Mit LMB Ebene [TOP] selektieren ⇒ Icon *Skizzenansicht* wählen, um Skizze auszurichten → Skizzieransicht wird im ARBEITSFENSTER geöffnet → SKIZZIERWERKZEUGLEISTE erscheint	
SKIZZIERWERKZEUGLEISTE	**Grundkörper modellieren**
Mit LMB Icon *Kreis* wählen und eine Skizze entsprechend der Abbildung erzeugen und bemaßen (Durchmesser: <30>). Mit Icon *OK* Skizzieransicht schließen.	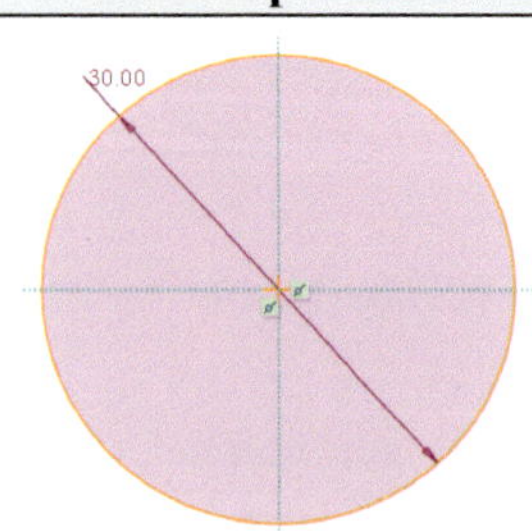

SCHALTPULT	**Grundkörper modellieren**
Mit LMB Pfeil anklicken, um Tiefenoption auszuwählen → Profil wird symmetrisch extrudiert Tiefenwert: <15.00> Mit Icon SCHALTPULT schließen.	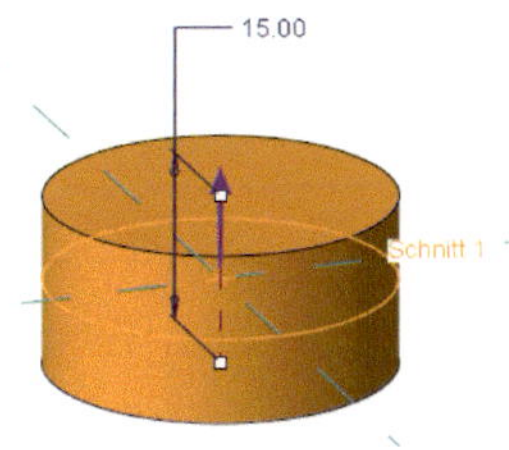

Bohrung erzeugen

REGISTRIERKARTE MODELL	**Bohrung erzeugen**
Mit LMB Icon *Bohrung* wählen → SCHALTPULT erscheint	
SCHALTPULT	**Bohrung erzeugen**
Mit LMB Button *Platzierung* wählen. → Dialog PLATZIERUNG klappt auf	
ARBEITSFENSTER	**Bohrung erzeugen**
Mit LMB Deckfläche des Zylinders selektieren → Bohrung startet auf Deckfläche ⇒ STRG + LMB die Achse im Zylinder wählen → Platzierungsart wechselt auf <Koaxial>	
SCHALTPULT	**Bohrung erzeugen**
Bohrungsdurchmesser: <21> ⇒ ENTER Mit LMB Pfeil anklicken, um Tiefenoption auszuwählen Mit Icon SCHALTPULT schließen.	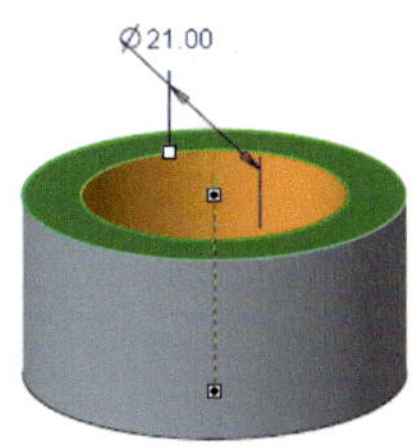

3.5.3 Gewinde modellieren

Spiralförmiges Zug-KE erzeugen

REGISTRIERKARTE MODELL	**Spiralförmiges Zug-KE erzeugen**
Mit LMB Icon *Spiralförmiges Zug-Ke* wählen → SCHALTPULT erscheint	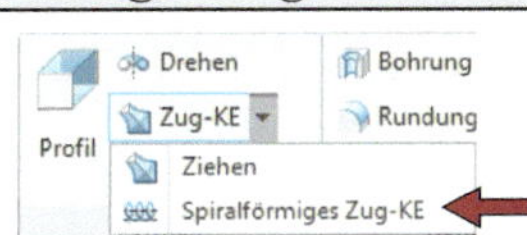

SCHALTPULT	**Spiralförmiges Zug-KE erzeugen**

Mit LMB Button *Referenzen* wählen. → Dialog REFERENZEN klappt auf ⇒ mit LMB Button *Definieren* wählen → SKIZZIERWERKZEUGLEISTE erscheint und Fenster **Skizze** öffnet

ARBEITSFENSTER	**Spiralförmiges Zug-KE erzeugen**

Mit LMB Ebene [FRONT] selektieren ⇒ Icon *Skizzenansicht* wählen, um Skizze auszurichten

→ Skizzieransicht wird im ARBEITSFENSTER geöffnet

→ SKIZZIERWERKZEUGLEISTE erscheint

FENSTER **SKIZZE**	**Spiralförmiges Zug-KE erzeugen**

Mit LMB Button *Skizze* wählen → Fenster **Skizze** schließt

SKIZZIERWERKZEUGLEISTE	**Spiralförmiges Zug-KE erzeugen**

Mit LMB Icon *Mittellinie* (Geometriemittellinie) wählen ⇒ Mittellinie auf die bestehende Achse des Zylinders legen → definiert die Rotationsachse der Spirale

Mit LMB Icon *Linienkette* wählen und eine offene Skizze entsprechend der Abbildung erzeugen und bemaßen

Mit Icon *OK* Skizzieransicht schließen.

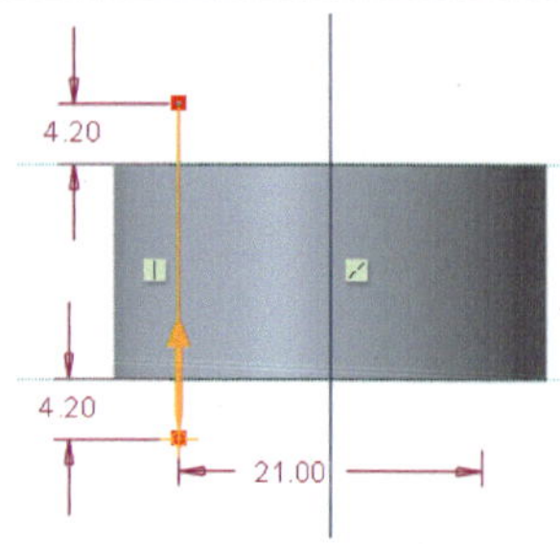

SCHALTPULT	**Spiralförmiges Zug-KE erzeugen**

Mit LMB Icon wählen, um Querschnitt zu definieren → SKIZZIERWERKZEUGLEISTE erscheint

SKIZZIERWERKZEUGLEISTE	**Spiralförmiges Zug-KE erzeugen**

Mit LMB Icon *Linienkette* die in der Abbildung dargestellte geschlossene Kontur skizzieren (mit einer Konstruktionsmittellinie die Skizze symmetrisch gestalten)

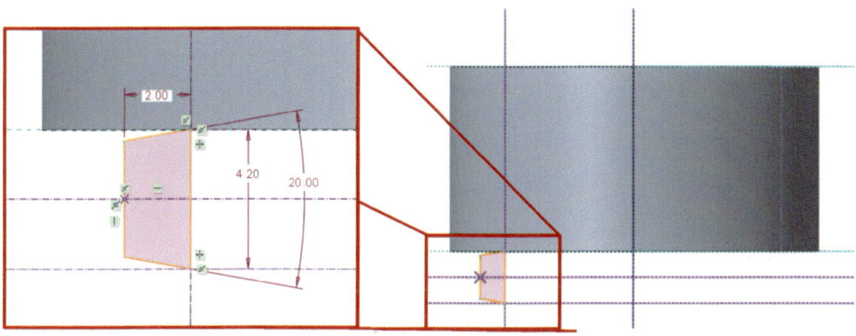

Mit Icon *OK* Skizzieransicht schließen.

SCHALTPULT	**Spiralförmiges Zug-KE erzeugen**

Die Option *Material entfernen* wählen

⇒ Steigung: <5.40> ⇒ ENTER

⇒ mit LMB das *Icon Rechte-Hand-Regel verwenden* wählen

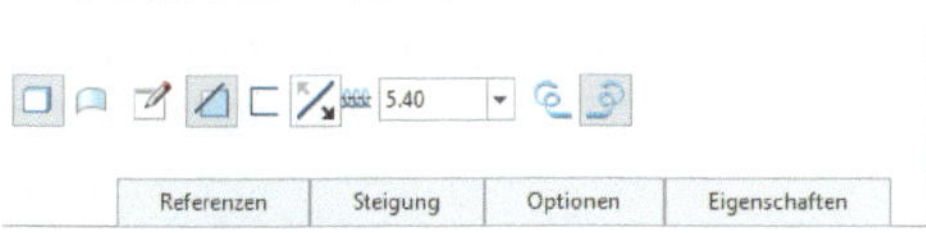

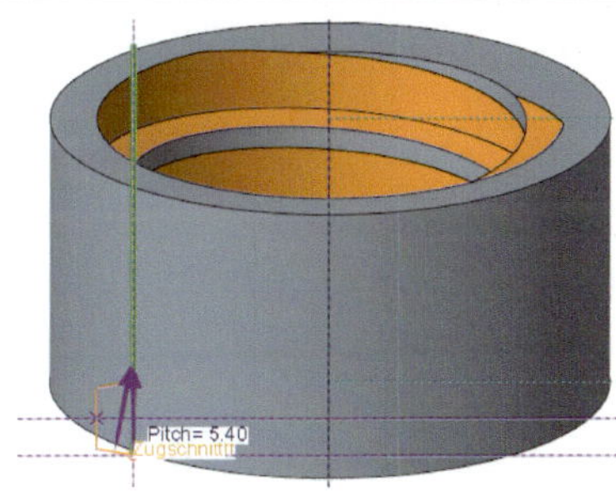

Mit Icon SCHALTPULT schließen.

3.5.4 Kanten bearbeiten

Absatz erzeugen

REGISTRIERKARTE MODELL	**Absatz erzeugen**

Mit LMB Icon *Drehen* wählen → SCHALTPULT erscheint

ARBEITSFENSTER	**Absatz erzeugen**

Mit LMB die Ebene [FRONT] wählen ⇒ Icon *Skizzenansicht* wählen, um Skizze auszurichten

→ Skizzieransicht wird im ARBEITSFENSTER geöffnet

→ SKIZZIERWERKZEUGLEISTE erscheint

SKIZZIERWERKZEUGLEISTE	**Absatz erzeugen**

⇒ Mit Funktion *Mittellinie* (Geometrie) die Rotationsachse auf die Mittelachse der Mutter legen

⇒ Mit Funktion *Linienkette* den Querschnitt gemäß Abbildung skizzieren

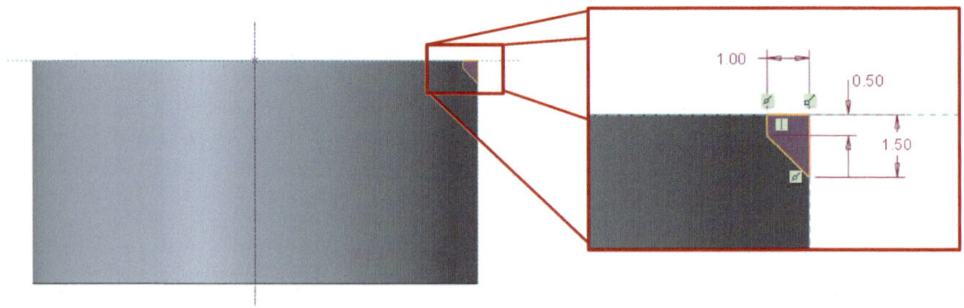

Mit Icon *OK* Skizzieransicht schließen

SCHALTPULT	**Absatz erzeugen**

Die Option *Material entfernen* wählen

Winkelwert: <360.0>

Mit Icon SCHALTPULT schließen.

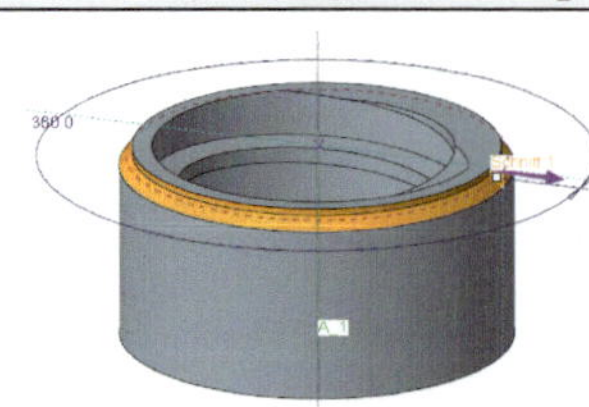

Absatz spiegeln

ARBEITSFENSTER	**Absatz spiegeln**

Mit LMB gerade erzeugter Absatz im Arbeitsfenster oder im Navigationsbereich selektieren → Funktion *Spiegeln* wird aktiviert

REGISTRIERKARTE MODELL	**Absatz spiegeln**

Mit LMB Icon *Spiegeln* wählen → SCHALTPULT erscheint

ARBEITSFENSTER	**Absatz spiegeln**

Mit LMB Bezugsebene [TOP] selektieren.

SCHALTPULT	**Absatz spiegeln**

Mit Icon *Bestätigen* SCHALTPULT schließen.

3.5.5 Mantelfläche rändeln

Erste Rille modellieren

REGISTRIERKARTE MODELL	**Bohrung erzeugen**
Mit LMB Icon *Bohrung*  wählen → SCHALTPULT erscheint	
SCHALTPULT	**Bohrung erzeugen**
Mit LMB Button *Platzierung* wählen. → Dialog PLATZIERUNG klappt auf	
ARBEITSFENSTER	**Bohrung erzeugen**
Mit LMB Deckfläche des Zylinders selektieren	
DIALOG PLATZIERUNG	**Bohrung erzeugen**
Typ: <Durchmesser> in das Feld „Versatzreferenzen“ den Schriftzug „Hier klicken, u...“ selektieren	
ARBEITSFENSTER	**Bohrung erzeugen**
Mit LMB Achse [A_1] wählen ⇒ mit STRG + LMB Ebene [RIGHT] wählen	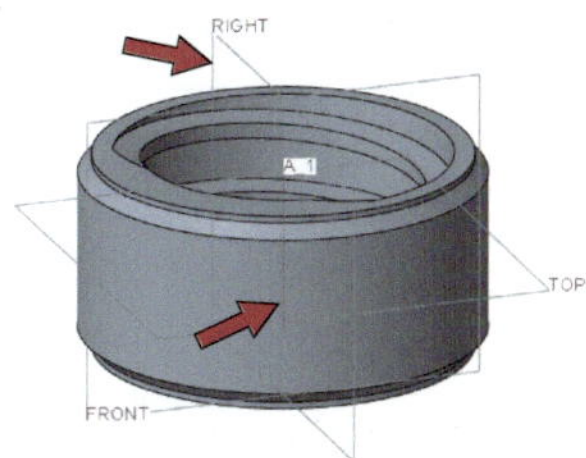
DIALOG PLATZIERUNG	**Bohrung erzeugen**
Versatzwert für [A_1]: <30.00> ⇒ ENTER Versatzwert für [RIGHT]: <12.00> ⇒ ENTER	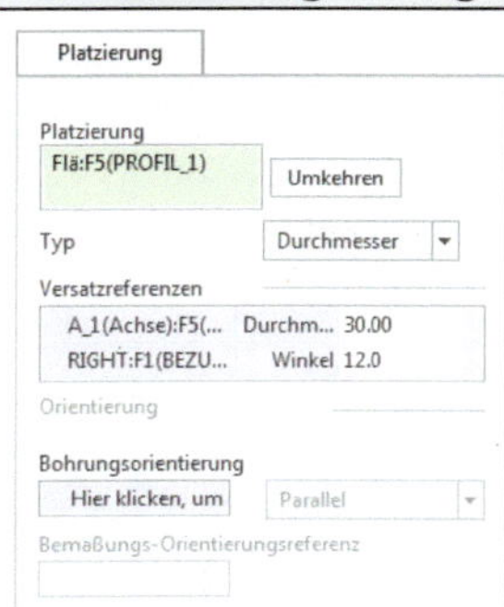

SCHALTPULT	**Bohrung erzeugen**
Durchmesser: <0.50> ⇒ ENTER Mit LMB Pfeil anklicken, um Tiefenoption auszuwählen Mit Icon *Bestätigen* SCHALTPULT schließen.	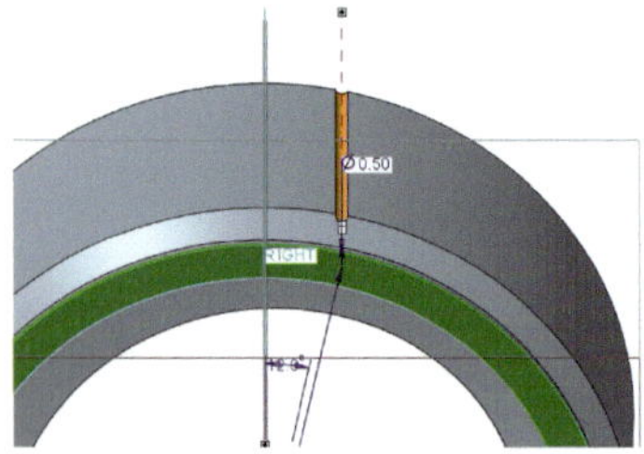

Erste Rille mustern

ARBEITSFENSTER	**Rille mustern**
Mit LMB gerade erzeugte Rille im Arbeitsfenster oder im Navigationsbereich selektieren → *Muster* wird aktiviert	
REGISTRIERKARTE MODELL	**Rille mustern**
Mit LMB Icon *Muster* wählen → SCHALTPULT erscheint	
SCHALTPULT	**Rille mustern**
Mustertyp: <Achse> wählen.	
ARBEITSFENSTER	**Rille mustern**
Mit LMB Achse [A_1] wählen	
SCHALTPULT	**Rille mustern**
Eingabefeld „Anzahl der Mitglieder in erster Richtung eingeben“ wählen: <30> ⇒ ENTER Mit LMB das Icon anklicken → Musterelemente werden auf dem Umfang gleichverteilt 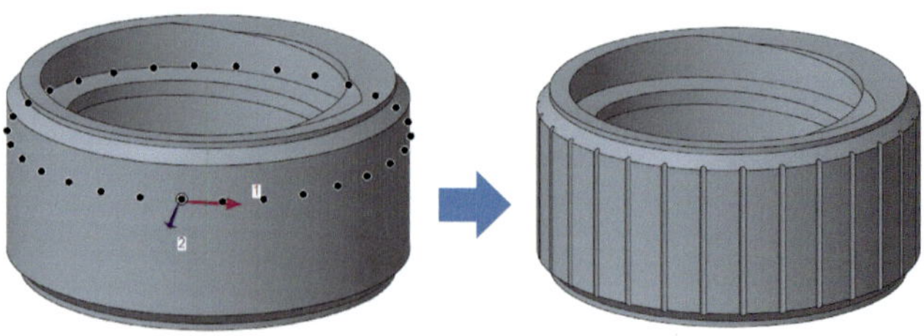 Mit Icon SCHALTPULT schließen.	

3.5.6 Stellmutter speichern

MENÜLEISTE	**Stellmutter speichern**
Datei ⇒ Speichern ODER LMB ⇒	

3.6 Zusammenbau der Rohrzange

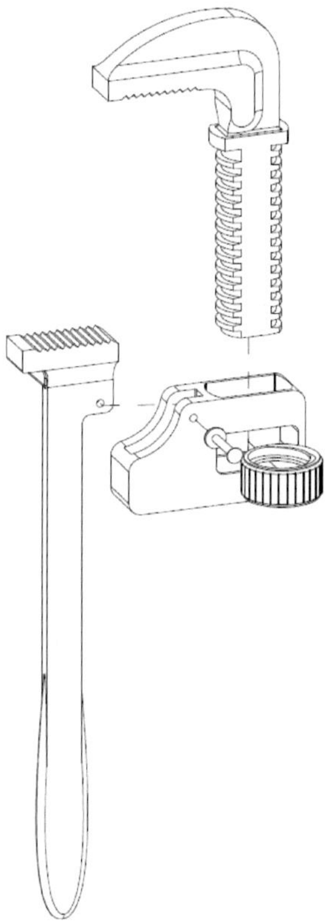

Der Zusammenbau mehrerer Einzelteile in Creo basiert auf dem Zuweisen von Bedingungen. Diese Bedingungen werden Platzierungsbedingungen genannt und bestimmen die Lage der einzelnen Bauteile zueinander. Für jedes neue Bauteil sind so viele Platzierungsbedingungen zu definieren, dass sämtliche Freiheitsgrade gebunden werden. Die folgende Tabelle enthält eine Übersicht der verfügbaren Platzierungsbedingungen (die meistgebrauchten Bedingungen enthalten zusätzlich eine Abbildung [© *Creo Programmhilfe*]).

In der Mehrzahl der Fälle ist es ausreichend, im Zusammenbau mit der vorgewählten Bedingung „Automatisch“ zu arbeiten. Dabei wählt Creo einen passenden Platzierungstyp. Sollten die Bauteile nach dem Erzeugen einer Platzierungsbedingung nicht wie gewünscht platziert sein, kann über den Button *Umkehren* oder die Auswahl einer anderen Bedingung in der entsprechenden Auswahlbox die gewünschte Positionierung erreicht werden.

Platzierungsbedingung	Erläuterung
Abstand	Versetzt die Komponentenreferenz von der Baugruppenreferenz.
Winkelversatz	Positioniert die Komponente in einem Winkel zur Baugruppenreferenz.
Parallel	Orientiert die Komponentenreferenz parallel zur Baugruppenreferenz.
Zusammenfallend	Positioniert die Komponentenreferenz zusammenfallend mit der Baugruppenreferenz.
Senkrecht	Positioniert die Komponentenreferenz senkrecht zur Baugruppenreferenz.
Koplanar	Positioniert die Komponentenreferenz koplanar zur Baugruppenreferenz.
Zentriert	Zentriert die Komponentenreferenz und die Baugruppenreferenz.
Tangente	Positioniert zwei Referenzen verschiedener Typen so, dass sie gegenüberliegen. Der Kontaktpunkt ist eine Tangente.
Fest	Fixiert die aktuelle Position einer Komponente, die bewegt oder eingesetzt wurde.
Standard	Richtet das Koordinatensystem der Komponente am Standard-Koordinatensystem der Baugruppe aus.
Automatisch	Zeigt nach der Auswahl einer Referenz verfügbare Randbedingungen in der Liste.

3.6.1 Neue Baugruppe erstellen

MENÜLEISTE	**Neue Baugruppe erstellen**
DATEI ⇒ Neu → Fenster **Neu** erscheint	
FENSTER **NEU**	**Neue Baugruppe erstellen**
Typ: <Baugruppe> Untertyp: <Konstruktion> Dateiname: <rohrzange> Fenster **Neu** mit Button *OK* schließen	

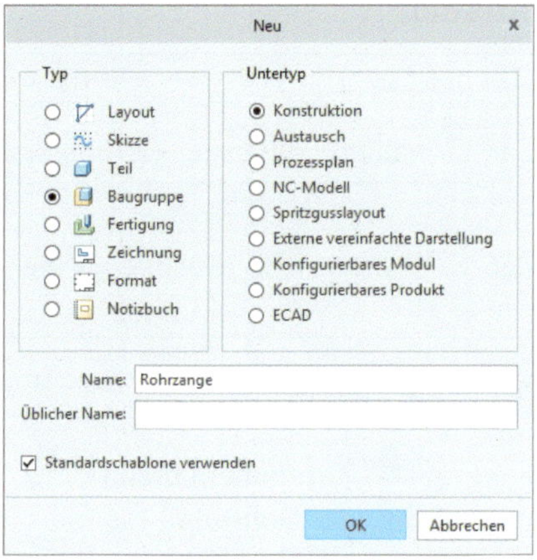

3.6.2 Griffwange einfügen

REGISTRIERKARTE MODELL	**Griffwange einfügen**
Mit LMB Icon *Einbauen* wählen → Fenster **Öffnen** erscheint.	
FENSTER ÖFFNEN	**Griffwange einfügen**
Bauteil Griffwange wählen ⇒ Button *Öffnen* wählen→ Fenster **Öffnen** wird geschlossen	
SCHALTPULT	**Griffwange einfügen**

Unter der Registrierkarte Platzierung an werden alle Platzierungsbedingungen angezeigt. Die vorhandenen Platzierungen können modifiziert oder gelöscht werden.

Durch das Klicken auf „neue Bedingung“ können weitere Platzierungsbedingung hinzugefügt werden.

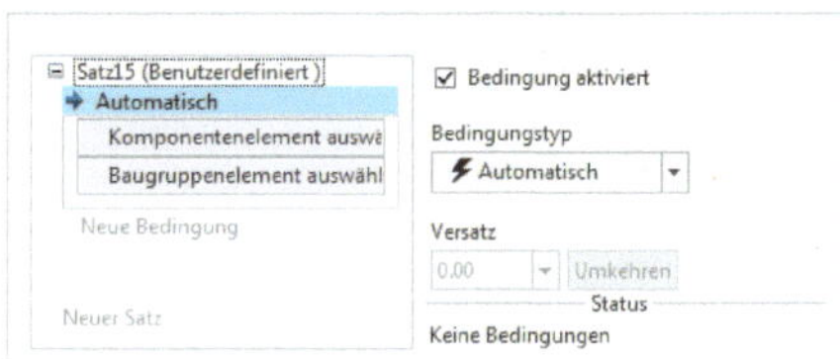

Bedingungstyp von <Automatisch> auf <Standard> ändern

Mit Icon SCHALTPULT schließen.

Die erste Komponente kann meist mit der Bedingung <Standard> eingebaut werden. Dabei werden die Koordinatensysteme von Baugruppe und Bauteil aufeinander gelegt.

3.6.3 Halterung einbauen

REGISTRIERKARTE MODELL	**Halterung einbauen**

Mit LMB Icon *Einbauen* wählen → Fenster **Öffnen** erscheint.

FENSTER ÖFFNEN	**Halterung einbauen**

Bauteil Halterung wählen ⇒ Button *Öffnen* wählen→ Fenster **Öffnen** wird geschlossen

SCHALTPULT	**Halterung einbauen**

Erste Platzierung:

- Platzierungsbedingung: <Zusammenfallend>
- Komponentenreferenz: Achse der Bohrung
- Baugruppenreferenz: Achse der Bohrung

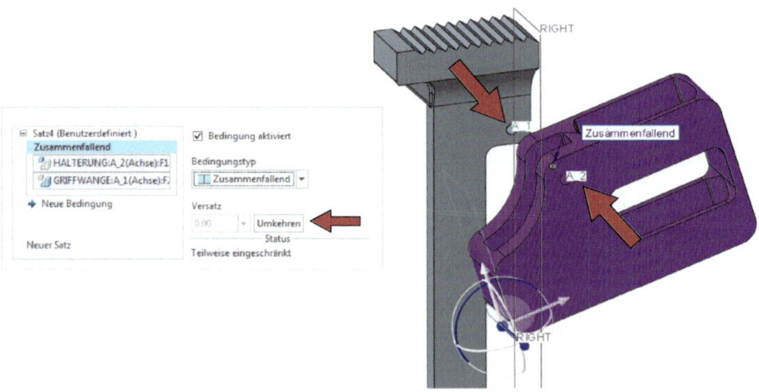

Falls die Bauteile nach der Auswahl der Referenzen nicht korrekt liegen, kann die Positionen der Komponenten über den Button „Umkehren“ vertauscht werden (Registrierkarte „Platzierung“).

Zweite Platzierung:

- Platzierungsbedingung: < Zusammenfallend>
- Komponentenreferenz: Ebene [FRONT]
- Baugruppenreferenz: Ebene [FRONT]

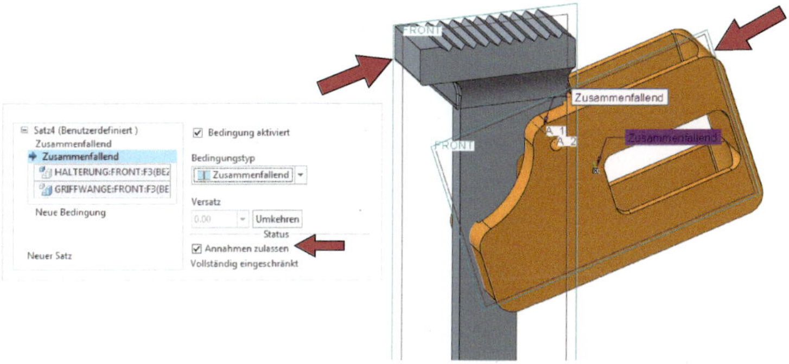

Ist im Dialog „Platzierung" die Funktion „Annahmen zulassen" aktiviert, kann das Bauteil schon nach zwei Platzierungsbedingungen vollständig bestimmt sein (im Dialog mit „Vollständig eingeschränkt" bezeichnet). Dies ist sinnvoll für rotationssymmetrische Bauteile. Da dies in diesem Beispiel nicht der Fall ist, muss eine dritte Platzierungsbedingung hinzugefügt werden.

DIALOG „PLATZIERUNG"	**Halterung einbauen**

Um den letzten offenen Freiheitsgrad (die Rotation um die Längsachse) zu binden, wird eine dritte Bedingung gesetzt. Dazu wird zunächst eine neue Bedingung hinzugefügt.

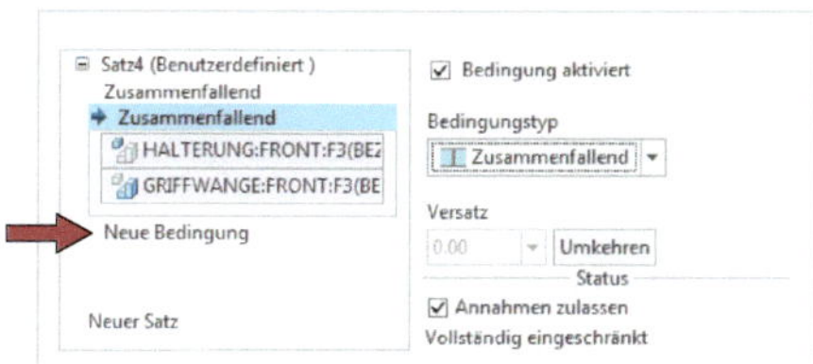

Dritte Platzierung:

- Platzierungsbedingung: < Parallel>
- Komponentenreferenz: Ebene [RIGHT]
- Baugruppenreferenz: Ebene [RIGHT]

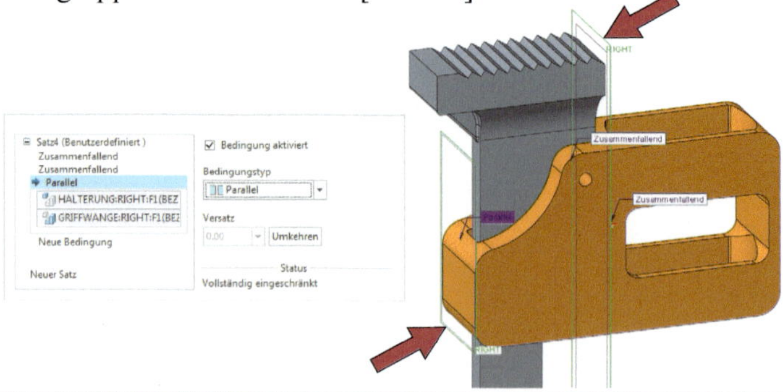

SCHALTPULT	**Halterung einbauen**
Mit Icon SCHALTPULT schließen.	

3.6.4 Niet einbauen

REGISTRIERKARTE MODELL	**Niet einbauen**
Mit LMB Icon *Einbauen* wählen → Fenster **Öffnen** erscheint.	
FENSTER **ÖFFNEN**	**Niet einbauen**
Bauteil Niet wählen ⇒ Button *Öffnen* wählen→ Fenster **Öffnen** wird geschlossen	
SCHALTPULT	**Niet einbauen**

Erste Platzierung:

- Platzierungsbedingung: < Zusammenfallend>
- Komponentenreferenz: Innenseite des Nietkopfes
- Baugruppenreferenz: Außenfläche der Halterung

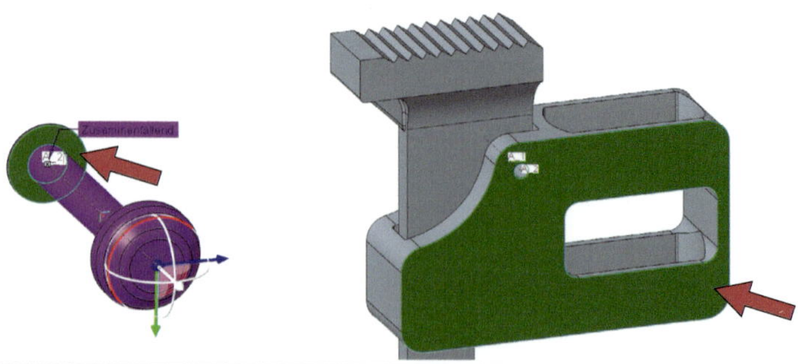

Zweite Platzierung:

- Platzierungsbedingung: < Zusammenfallend>
- Komponentenreferenz: Rotationsachse
- Baugruppenreferenz: Achse der Bohrung der Halterung

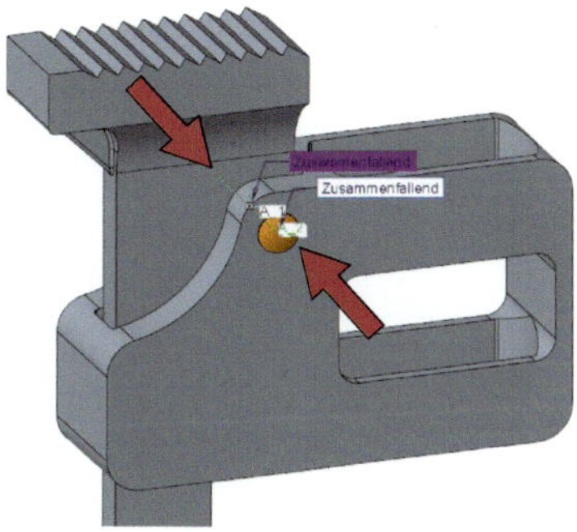

Mit Icon SCHALTPULT schließen.

3.6.5 Stellmutter einbauen

REGISTRIERKARTE MODELL	**Stellmutter einbauen**
Mit LMB Icon *Einbauen* wählen → Fenster **Öffnen** erscheint.	
FENSTER ÖFFNEN	**Stellmutter einbauen**
Bauteil Niet wählen ⇒ Button *Öffnen* wählen→ Fenster **Öffnen** wird geschlossen	
SCHALTPULT	**Stellmutter einbauen**

Erste Platzierung:

- Platzierungsbedingung: < Zusammenfallend>
- Komponentenreferenz: Mantelfläche
- Baugruppenreferenz: zylindrische Fläche der Aussparung der Halterung

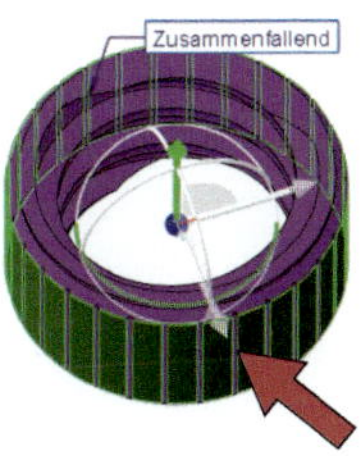

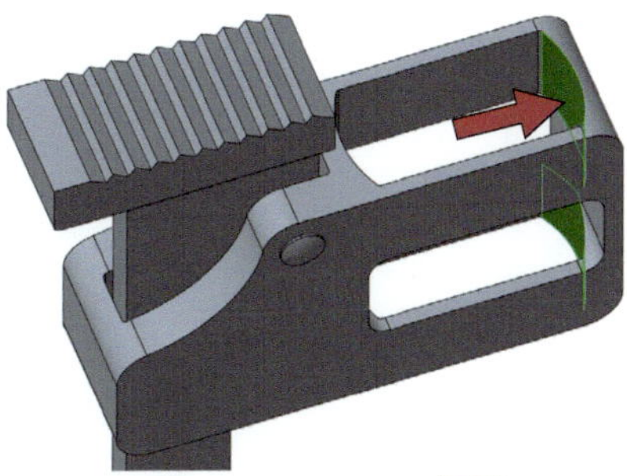

Werden zylindrische Flächen über die Bedingung < Zusammenfallend> verknüpft, werden sie koaxial ausgerichtet.

Zweite Platzierung:

- Platzierungsbedingung: <Abstand>
- Komponentenreferenz: Stirnfläche
- Baugruppenreferenz: horizontale Fläche der Aussparung der Halterung
- Versatz: <0.50>

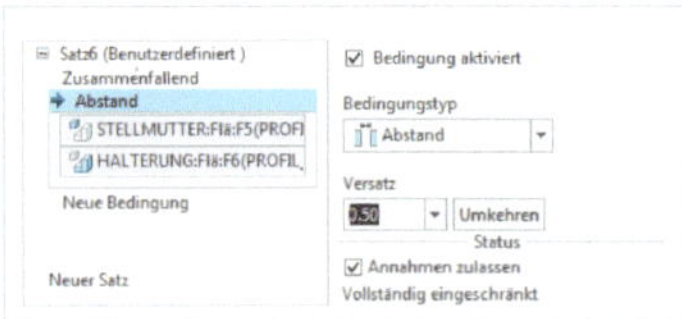

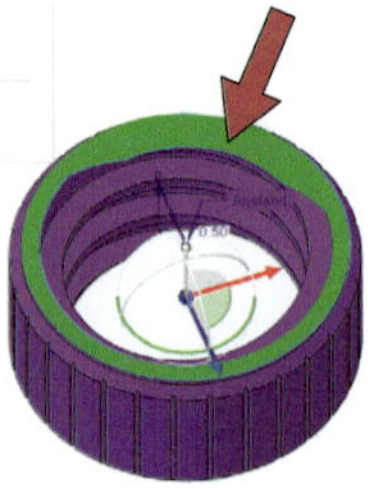

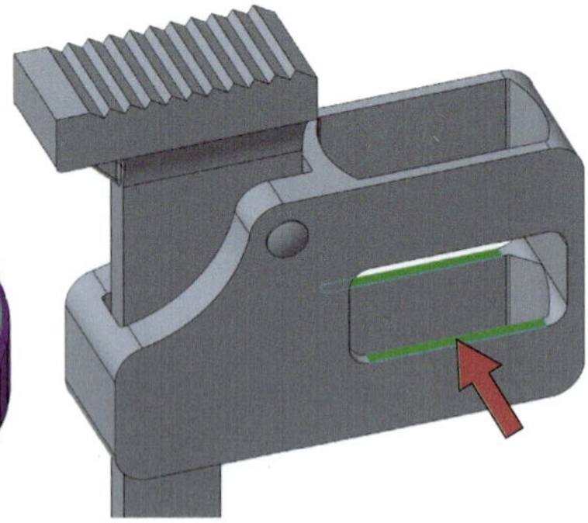

Mit Icon SCHALTPULT schließen.

3.6.6 Verstellbare Wange einbauen

REGISTRIERKARTE MODELL **verstellbare Wange einbauen**

Mit LMB Icon *Einbauen* wählen → Fenster **Öffnen** erscheint.

FENSTER ÖFFNEN **verstellbare Wange einbauen**

Bauteil verstellbare Wange wählen ⇒ Button *Öffnen* wählen→ Fenster **Öffnen** wird geschlossen

SCHALTPULT **verstellbare Wange einbauen**

Erste Platzierung:

- Platzierungsbedingung: <Zusammenfallend>
- Komponentenreferenz: Achse des Schaftes
- Baugruppenreferenz: Rotationsachse der Stellmutter

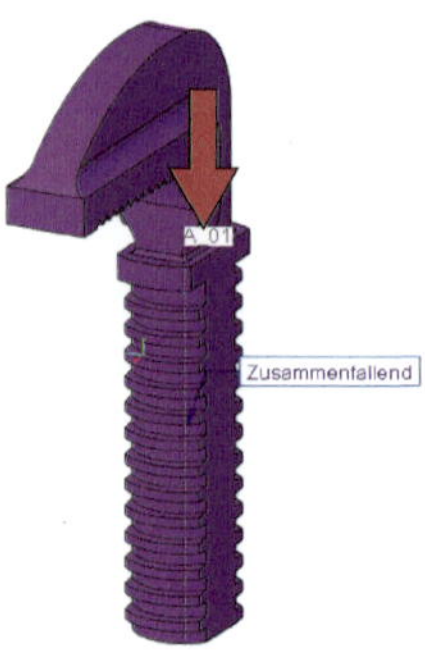

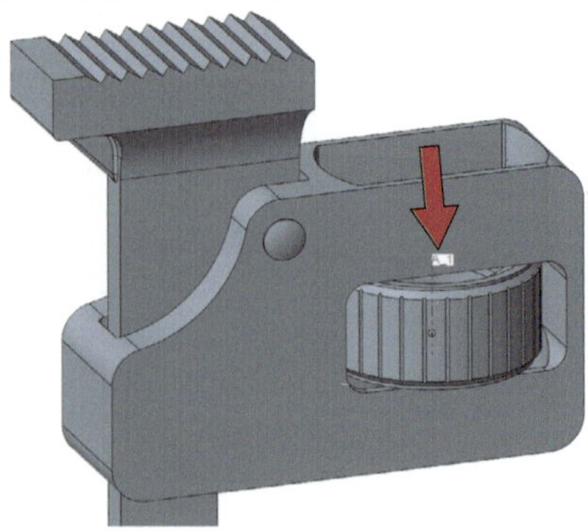

Zweite Platzierung:

- Platzierungsbedingung: <Zusammenfallend>
- Komponentenreferenz: Ebene [FRONT]
- Baugruppenreferenz: Baugruppenebene [ASM_FRONT]

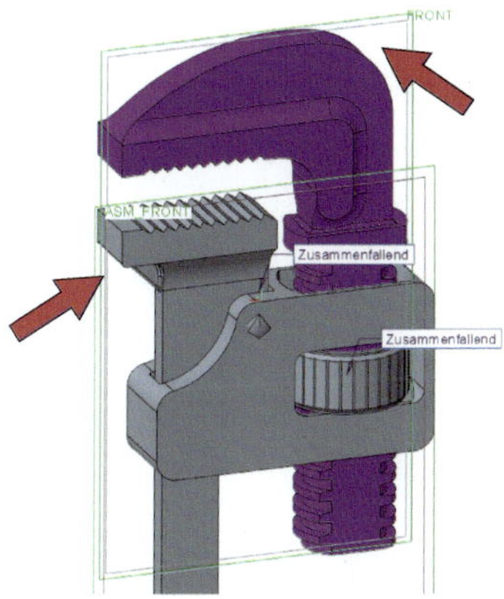

Dritte Platzierung:

- Platzierungsbedingung: <Abstand>
- Komponentenreferenz: Klemmfläche
- Baugruppenreferenz: Klemmfläche der Griffwange
- Versatz: <28.45>

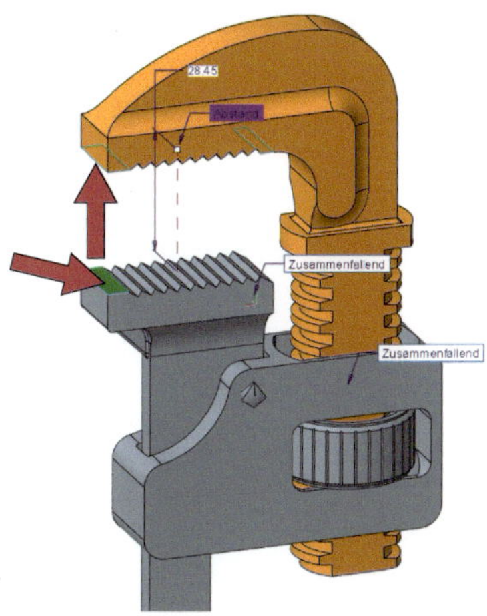

Mit Icon SCHALTPULT schließen.

Das fertige Modell sieht nun wie folgt aus:

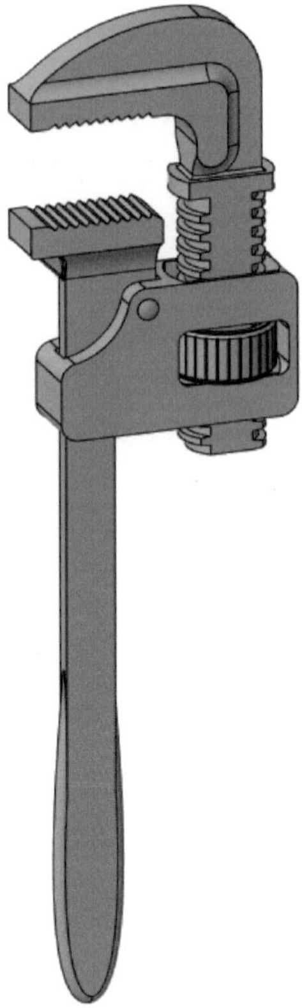

3.7 Zeichnung der Halterung erstellen

Vorgehensweise:

- Zeichnung erzeugen
- Voreinstellungen durchführen
- Ansichten einfügen
- Bemaßungen erzeugen, einfügen und ordnen
- Ausfüllen des Schriftfelds
- Zeichnung speichern

3.7.1 Neue Zeichnung erzeugen und Einstellung der Formate

MENÜLEISTE	**Neue Zeichnung erstellen**
DATEI ⇒ Neu → Fenster **Neu** erscheint	
FENSTER **NEU**	**Neue Zeichnung erstellen**
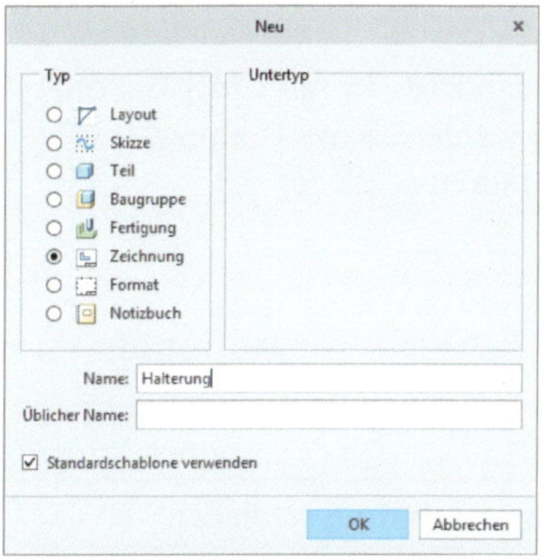	Typ: <Zeichnung> Dateiname: <halterung> mit LMB Button *OK* wählen → Fenster **Neu** schließt → Fenster **Neue Zeichnung** erscheint

FENSTER **NEUE ZEICHNUNG**	**Neue Zeichnung erstellen**
• Standardmodell: Das Bauteil Kugel wählen. • Schablone angeben: <Leer mit Formatierung> • Format angeben ⇒ mit LMB Button *Durchsuchen* wählen ⇒ Datei „a.frm laden" • • Mit Button *OK* Fenster **Neue Zeichnung** schließen → Zeichnungsblatt wird erstellt	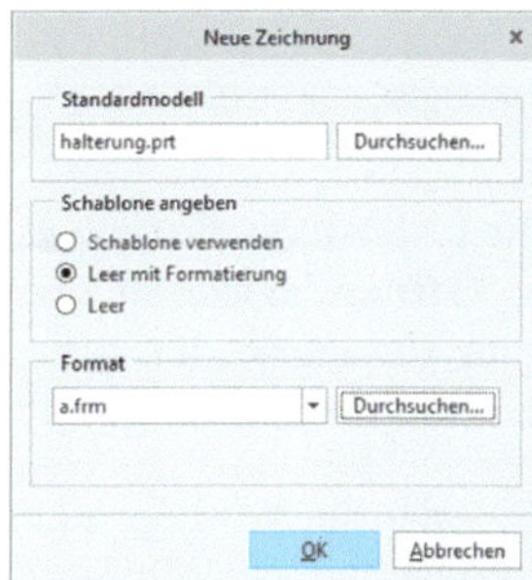

3.7.2 Voreinstellungen durchführen

MENÜLEISTE	**Voreinstellungen**
DATEI ⇒ Vorbereiten ⇒ Zeichnungseigenschaften → Fenster **Zeichnungseigenschaften** erscheint	
FENSTER **ZEICHNUNGSEIGENSCHAFTEN**	**Voreinstellungen**
Detailoptionen: Ändern ⇒ Zeichnungseigenschaften → Fenster **Optionen** erscheint	

FENSTER **OPTIONEN**	**Voreinstellungen**
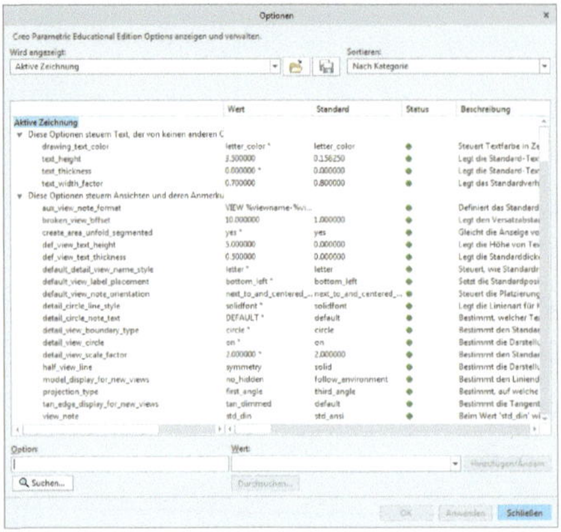	Mit LMB Icon *Öffnen*  wählen ⇒ Datei "din_mm.dtl" laden (diese Datei befindet sich an folgender Stelle: <Installationsverzeichnis> /Common Files / “Version“ / creo_standards / draw_standards ⇒ mit LMB Button *Öffnen* wählen ⇒ mit Button *OK* Fenster **Optionen** schließen

FENSTER **ZEICHNUNGSEIGENSCHAFTEN**	**Voreinstellungen**
Mit Button *Schließen* das Fenster **Zeichnungseigenschaften** schließen	

3.7.3 Ansichten einfügen

Basisansicht einfügen

REGISTERKARTE LAYOUT	**Basisansicht einfügen**
Mit LMB Icon *Basisansicht*  → Fenster **Öffnen** erscheint (erscheint nur, wenn beim Erzeugen der neuen Zeichnung kein Standardmodell ausgewählt wurde) Falls die Abfrage nach dem kombinierten Zustand gestellt wird, dann diese Abfrage wie folgt beantworten.	

ARBEITSFENSTER	**Basisansicht einfügen**
Mit LMB den Mittelpunkt der Zeichnungsansicht auf dem Zeichnungsblatt definieren → Dialogfenster **Zeichnungsansicht** erscheint Die Position kann später noch verändert werden.	

FENSTER **ZEICHNUNGSANSICHT**	**Basisansicht einfügen**

Orientierungsmethode: <Ansichts-name aus dem Modell>

Modellansichtsname: <FRONT>

Das Bauteil sollte wie folgt orientiert sein. Falls nicht, eine entsprechend andere Ansicht wählen.

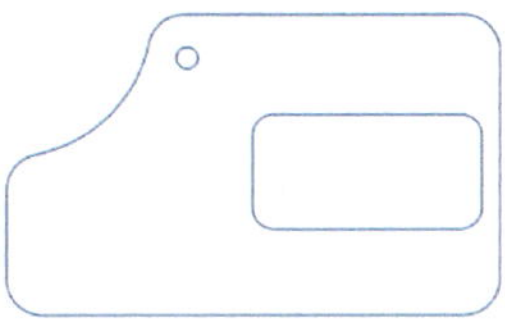

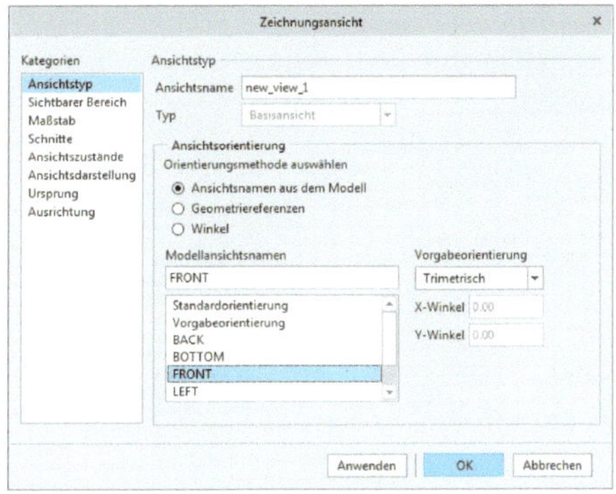

Mit Button *OK* das Fenster **Zeichnungsansicht** schließen

ARBEITSFENSTER	**Basisansicht einfügen**

Der Maßstab für die Zeichnung sollte „1:1" sein. In der unteren linken Ecke des ARBEITSFENSTERS ist der aktuelle Maßstab angezeigt und kann durch einen Doppelklick ggf. angepasst werden.

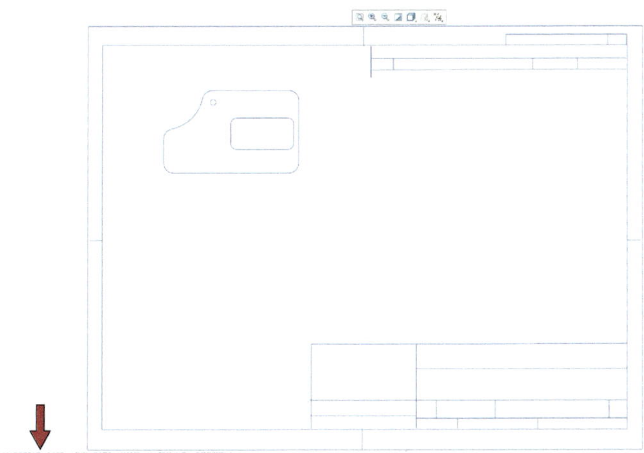

Projektionsansicht einfügen

REGISTERKARTE LAYOUT	**Projektionsansicht einfügen**

Mit LMB Icon *Projektionsansicht* wählen

ARBEITSFENSTER	**Projektionsansicht einfügen**
Mit LMB den Mittelpunkt der Projektionsansicht auf dem Zeichnungsblatt definieren	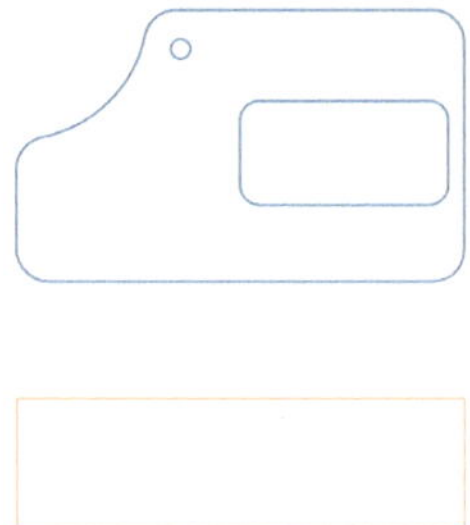

Schnittansicht einfügen

ARBEITSFENSTER	**Schnittansicht einfügen**
Mit LMB die Basisansicht selektieren ⇒ RMB ⇒ *Eigenschaften* wählen → Fenster **Zeichnungsansicht** öffnet	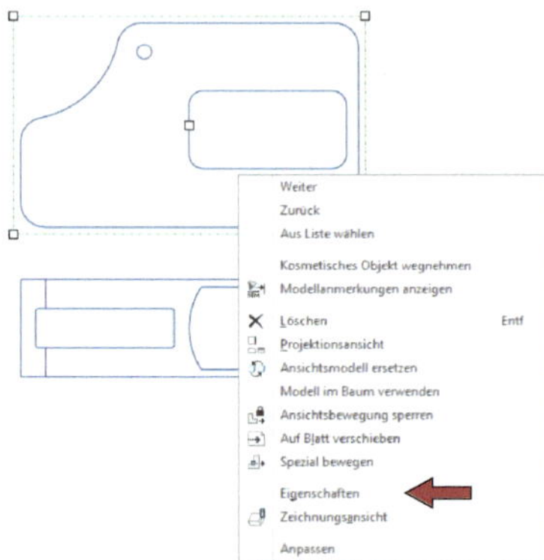
FENSTER **ZEICHNUNGSANSICHT**	**Schnittansicht einfügen**
Die Kategorie *Schnitte* wählen ⇒ die Schnittoption *2D-Querschnitt* selektieren ⇒ mit LMB das Icon Querschnitt zur Ansicht hinzufügen **+** wählen → Fenster **Menü-Manager** öffnet	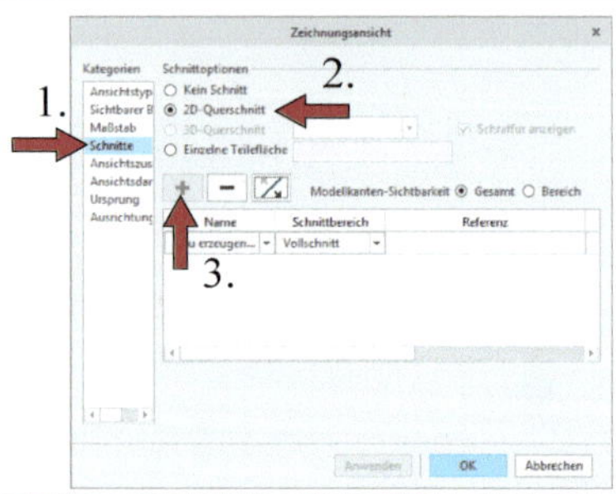
FENSTER **MENÜ-MANAGER**	**Schnittansicht einfügen**
Planar ⇒ Einzeln ⇒ Fertig → Fenster **Menü-Manager** schließt → Mitteilungsfenster öffnet	

MITTEILUNGSFENSTER — **Schnittansicht einfügen**

Querschnittsname eingeben: <A> ⇒ ENTER → Mitteilungsfenster schließt → Fenster **Menü-Manager** öffnet

FENSTER **MENÜ-MANAGER** — **Schnittansicht einfügen**

Mit LMB Ebene [FRONT] in der Projektionsansicht oder im Modellbaum wählen → Fenster **Menü-Manager** schließt

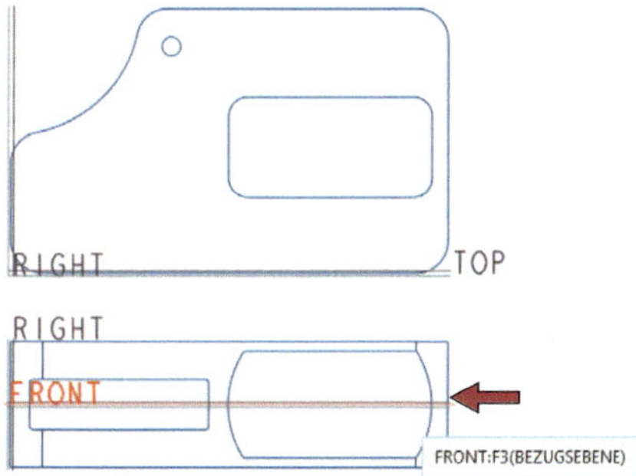

FENSTER **ZEICHNUNGSANSICHT** — **Schnittansicht einfügen**

Kategorien: <Schnitte> ⇒ mit LMB Button *Anwenden* wählen → im ARBEITSFENSTER wird der Schnitt dargestellt

Feld *Pfeilanzeige* mit LMB selektieren ⇒ im ARBEITSFENSTER mit LMB Projektionsansicht selektieren ⇒ mit LMB Button *Anwenden* wählen → ARBEITSFENSTER Schnittpfeile werden dargestellt

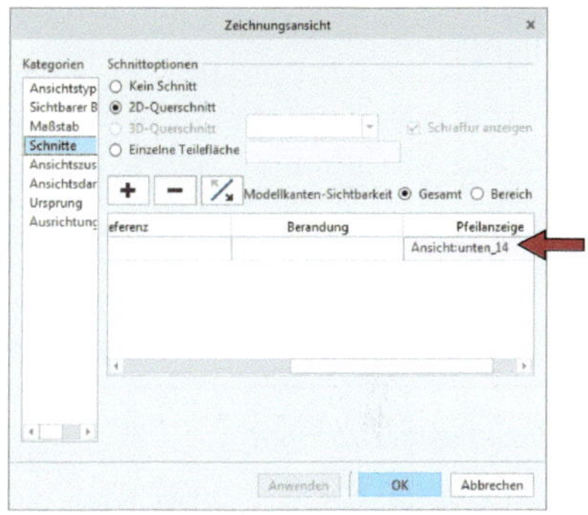

Sollten die Pfeile auf der anderen Seite des Schnittverlaufs angetragen sein, so ist die Blickrichtung auf den Schnitt umzukehren. Dazu wie folgt vorgehen: Dialogfenster **Zeichnungsansicht** Kategorie <Schnitte> ⇒ mit LMB Button *Materialentfernungsseite umschalten* wählen

Mit Button *OK* Fenster **Zeichnungsansicht** schließen

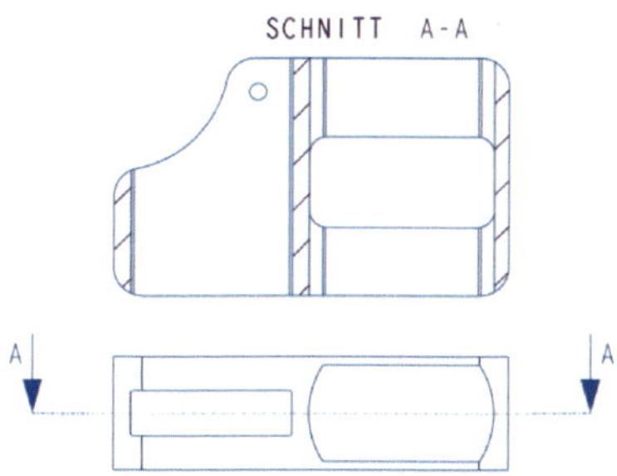

3.7.4 Zeichnung bemaßen

Symmetrielinien einblenden

MULTIFUNKTIONSLEISTE	**Symmetrielinien**

Mit LMB den Registerkarte ANMERKUNGEN ERSTELLEN wählen ⇒ den Button *Modellanmerkungen anzeigen* wählen → Fenster **Modellanmerkungen anzeigen** erscheint

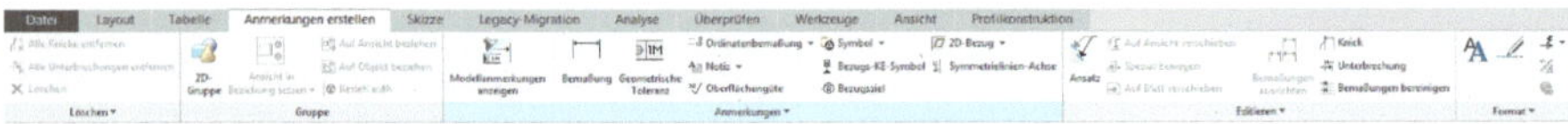

FENSTER **MODELLANMERKUNGEN ANZEIGEN**	**Symmetrielinien**

Mit LMB die Registerkarte *Modellbezüge anzeigen.* wählen ⇒ mit LMB Basisansicht im ARBEITSFENSTER wählen ⇒ mit LMB die entsprechende Achse selektieren ⇒ Mit LMB den Button *OK* wählen → Fenster **Modellanmerkungen anzeigen** schließt

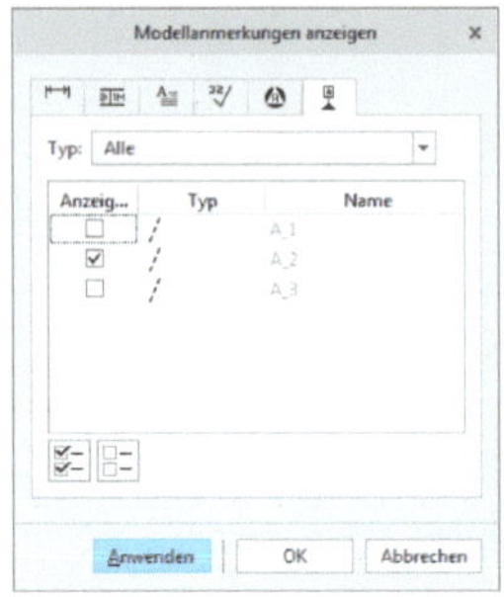

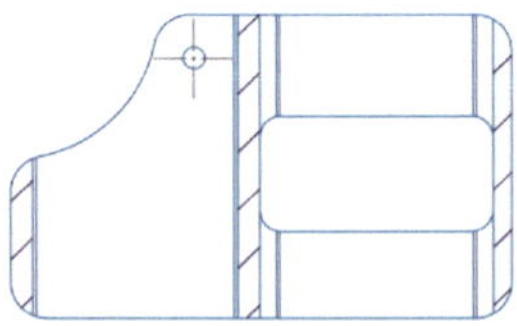

Bemaßungen einfügen

REGISTERKARTE ANMERKUNGEN ERSTELLEN	**Bemaßungen einfügen**

Mit LMB den Registerkarte *Anmerkungen erstellen* wählen ⇒ den Button *Modellanmerkungen anzeigen* wählen → Fenster **Modellanmerkungen anzeigen** erscheint

REGISTERKARTE ANMERKUNGEN ERSTELLEN	**Bemaßungen einfügen**

Mit LMB die Registerkarte *Modellbemaßungen anzeigen.* wählen ⇒ Mit LMB Basisansicht im ARBEITSFENSTER wählen → Alle selektierbaren Maße werden im Arbeitsfenster angezeigt ⇒ Mit LMB können die entsprechenden Maße selektiert werden ⇒ Mit LMB den Button *OK* wählen → Fenster **Modellanmerkungen anzeigen** schließt

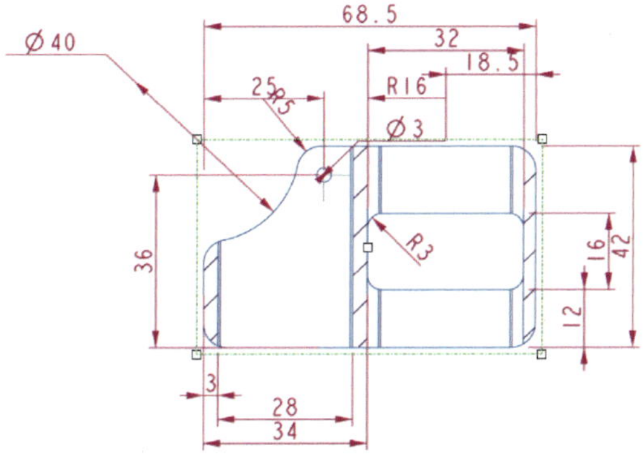

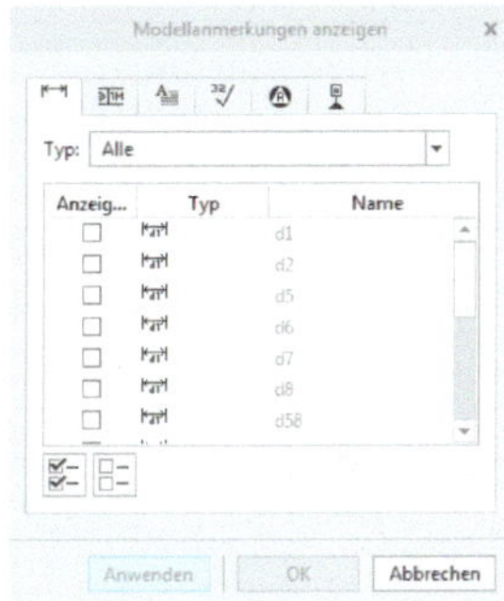

Die Maße, die hier angezeigt werden, stammen aus den Skizzen und den Parametern, die bei der Erstellung von Geometrien mittels Konstruktionselementen definiert werden. Daher ist es empfehlenswert, bereits bei der Erstellung der Skizzen eine zeichnungsgerechte Bemaßung zu verwenden.

Hinzufügen weiterer Bemaßungen

MULTIFUNKTIONSLEISTE	**Zeichnung bemaßen**

Mit LMB Button *Bemaßung* wählen → Fenster **Referenz auswählen** erscheint

ARBEITSFENSTER	**Zeichnung bemaßen**

Bemaßung an den gewünschten Elementen antragen (Vorgehensweise analog Skizzenerzeugung)

Bemaßungen bearbeiten

ARBEITSFENSTER	**Bemaßungen bearbeiten**

Mit LMB die entsprechende Bemaßung selektieren → die Registerkarte BEMASSUNG erscheint in der Multifunktionsleiste

Die wichtigsten Funktionen der Registerkarte BEMASSUNG

10.0 *Toleranz*	Toleranzen des Maßes können definiert werden. 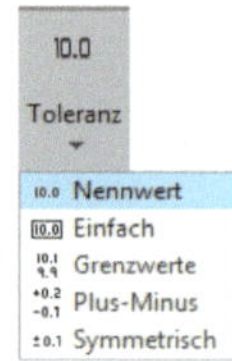
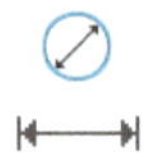 *Orientierung*	Die Orientierung der Bemaßung kann geändert werden. Ist abhängig von der Art der Bemaßung und nur aktiv, wenn eine einzelne Bemaßung selektiert wurde. 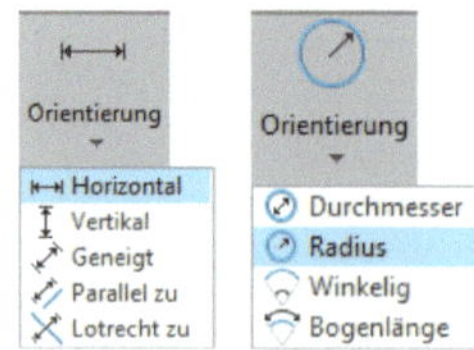
 *Anzeige*	Ermöglicht die Steuerung der Anzeige der Bemaßung. Zum Beispiel sind der Pfeilstil und die Pfeilrichtung editierbar. 
⌀10.0Ⓛ *Bemaßungstext*	Die Editierung des Bemaßungstextes wird ermöglicht. 

3.8 Kontrollfragen

1. Welche Möglichkeiten gibt es, auf schnellem Weg Kopien einzelner KEs zu erzeugen?
2. Warum ist die Verwendung von Mustern bei der Erzeugung gleichartiger KEs sinnvoll?
3. Welche Möglichkeiten gibt es Rippen zu modellieren?
4. Nennen Sie drei Möglichkeiten zur Erstellung von Mustern!
5. Wie viele Freiheitsgrade hat ein Körper im Raum?
6. Wie viele Freiheitsgrade hat eine vollständig eingebaute Komponente in einer Baugruppe?
7. Was ist der erste Schritt bei der Zeichnungserstellung (nach dem Festlegen aller Einstellungen)?

4 Übung: Sattel

Am Bauteil Sattel sollen Modelliertechniken aus dem Bereich der Flächenmodellierung gezeigt werden. Dabei wird besonders auf die Erzeugung von Flächen eingegangen, die auf Splines bzw. Punkten basieren.

Zur Modellierung des Sattels werden zunächst Punkte erzeugt, welche anschließend zur Definition von Splines verwendet werden. Im nächsten Schritt werden die Splines zur Definition einer Fläche verwendet. Die so erzeugte Fläche wird kopiert/versetzt und bis zum Volumenkörper weiter verarbeitet.

Vorgehensweise

- Punkte erzeugen
- Spline-Kurven erstellen
- B-Spline Fläche erzeugen
- Flächen verschmelzen
- in Volumenmodell umwandeln
- Bohrungen erzeugen
- Rundungen erzeugen

4.1 Neues Bauteil

Erzeugen eines neuen Bauteils; Name: <sattel>

4.2 Punkte erzeugen

Die Punkte werden durch Angabe der jeweiligen x-y-z Versatzwerte definiert.

REGISTERKARTE MODELL	**Punkte erzeugen**
Mit LMB Icon *Versatz-Koordinatensystem* wählen → Fenster **Bezugspunkt** erscheint	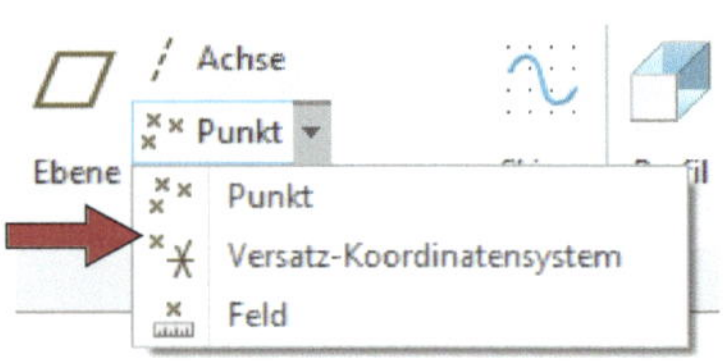
ARBEITSFENSTER	**Punkte erzeugen**
Mit LMB Koordinatensystem selektieren	

FENSTER **BEZUGSPUNKT**						**Punkte erzeugen**
In erste leere Zelle klicken ⇒ X-Wert, Y-Wert und Z-Wert entsprechend Tabelle eingeben ⇒ um einen neuen Punkt hinzufügen, in erste freie Zelle der nächsten Zeile klicken ⇒ alle Punkte der folgenden Übersicht hinzufügen						
x	*y*	*z*		*x*	*y*	*z*
273	49,1	11,0		123	86,1	10,9
273	49,2	19,5		123	93,8	21,8
273	49,9	27,8		123	106,3	27,4
273	51,4	36,1		123	118,3	34,4
273	53,9	44,1		123	128,1	42,8
243	39,1	10,9		83	89,1	10,9
243	41,1	31,7		83	95,1	20,1
243	47,0	51,9		83	103,2	24,6
243	59,5	68,5		83	111,7	30,9
243	76,1	80,9		83	119,9	36,5
203	70,1	10,9		43	90,1	10,9
203	78,9	29,3		43	93,7	17,8
203	93,8	44,6		43	99,4	23,3
203	104,3	63,2		43	105,2	28,7
203	109,1	83,9		43	111,1	33,9
163	80,5	10,9		0	89,9	9,8
163	90,4	24,0		0	91,3	15,5
163	106,5	31,6		0	94,2	20,5
163	121,5	41,4		0	97,5	25,3
163	134,1	53,9		0	101,8	29,0

Mit LMB Button *OK* Fenster **Bezugspunkt** schließen → Punkte werden erzeugt

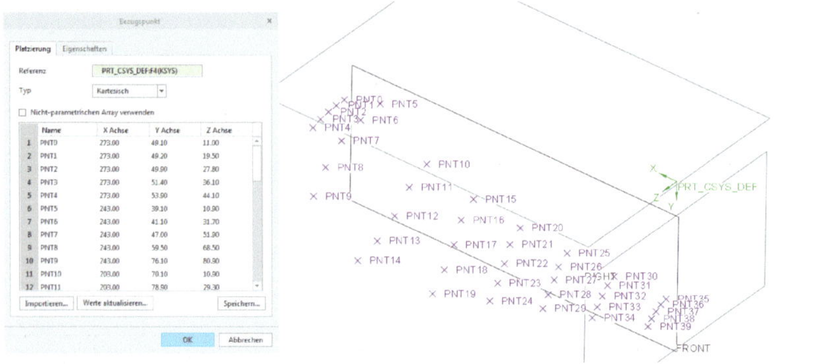

4.3 Spline-Kurven in erster Richtung erzeugen

Im nächsten Schritt werden die einzelnen Punkte mit Splines verbunden, welche später die Sattelfläche definieren.

MULTIFUNKTIONSLEISTE	**Spline-Kurven in erster Richtung erzeugen**

Mit LMB Dropdown *Bezug* und Icon *Kurve* wählen ⇒ *Kurve durch Punkte* → SCHALTPULT erscheint

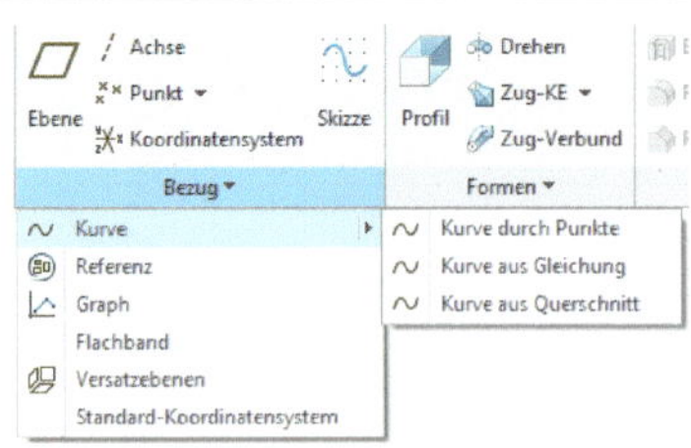

ARBEITSFENSTER	**Spline-Kurven in erster Richtung erzeugen**

Mit LMB die Punkte selektieren, die zu einem Spline gehören (siehe Skizze, Spline1: jeweils der unterste Punkt einer jeden Reihe).

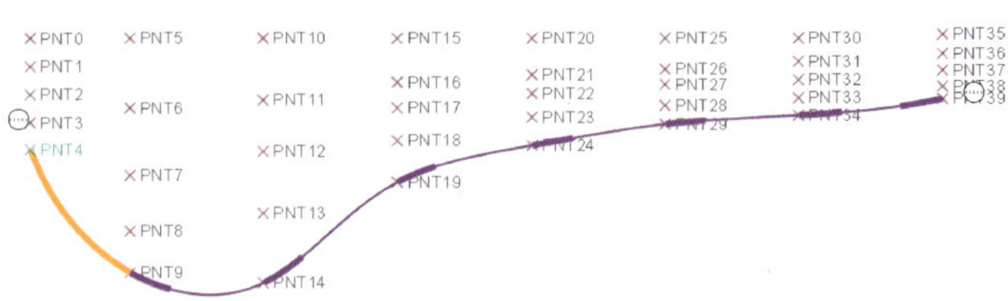

SCHALTPULT	**Spline-Kurven in erster Richtung erzeugen**

Mit Icon  SCHALTPULT schließen.

	Spline-Kurven in erster Richtung erzeugen
Die restlichen vier Splines auf dieselbe Weise erzeugen.	

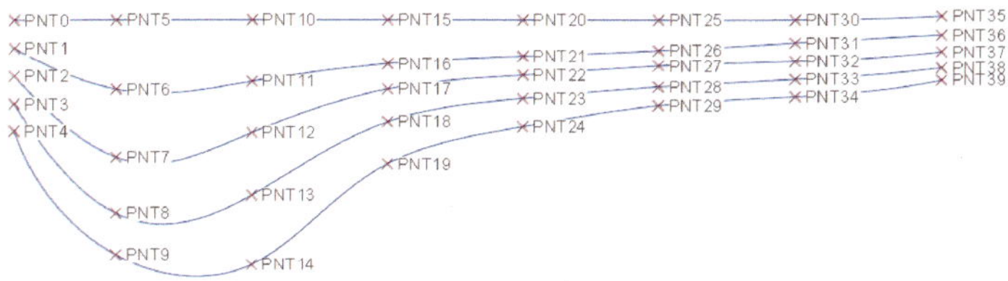

4.3.1 Punkte und Splines spiegeln

MODELLBAUM	**Punkte und Splines spiegeln**
Mit STRG + LMB Punktewolke und die fünf erzeugten Splines selektieren.	
REGISTERKARTE MODELL	**Punkte und Splines spiegeln**
Mit LMB Icon *Spiegeln* wählen → SCHALTPULT erscheint	
ARBEITSFENSTER	**Punkte und Splines spiegeln**
Mit LMB Bezugsebene [FRONT] selektieren.	
SCHALTPULT	**Punkte und Splines spiegeln**
Mit Icon SCHALTPULT schließen.	

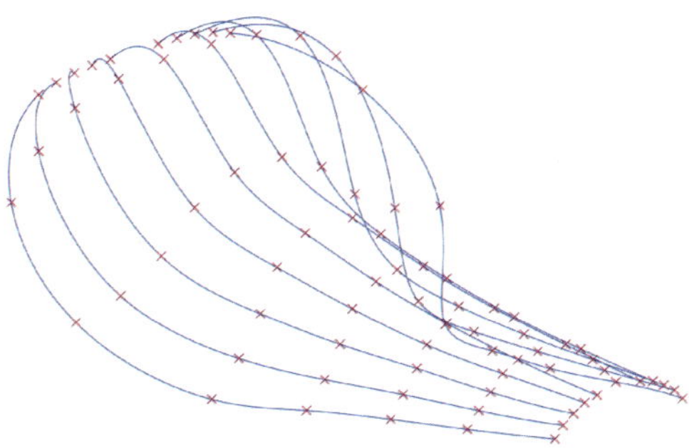

4.4 Spline-Kurven in zweiter Richtung erzeugen

Im nächsten Schritt werden die Splines in Querrichtung erzeugt, welche später zur Unterstützung der Sattelflächendefinition dienen.

REGISTERKARTE MODELL	**Spline-Kurven in zweiter Richtung erzeugen**
Mit LMB Dropdown *Bezug* und Icon *Kurve* wählen → SCHALTPULT erscheint	

ARBEITSFENSTER	**Spline-Kurven in zweiter Richtung erzeugen**

Mit LMB die Punkte selektieren, die zu einem Spline gehören (siehe Skizze, Spline1: die Punkte der untersten Reihe).

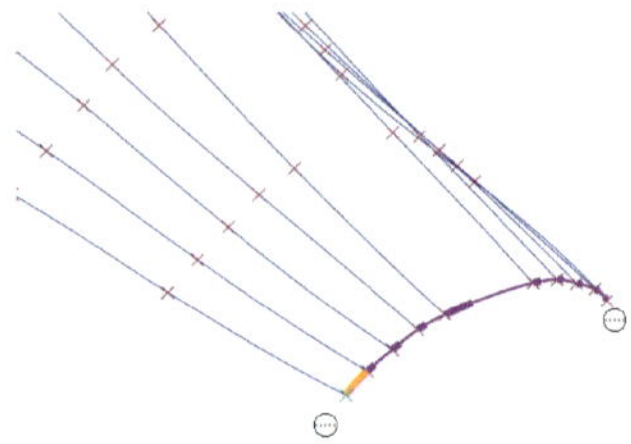

SCHALTPULT	**Spline-Kurven in zweiter Richtung erzeugen**

Mit Icon SCHALTPULT schließen.

ARBEITSFENSTER	**Spline-Kurven in zweiter Richtung erzeugen**

Die restlichen sieben Splines auf dieselbe Weise erzeugen.

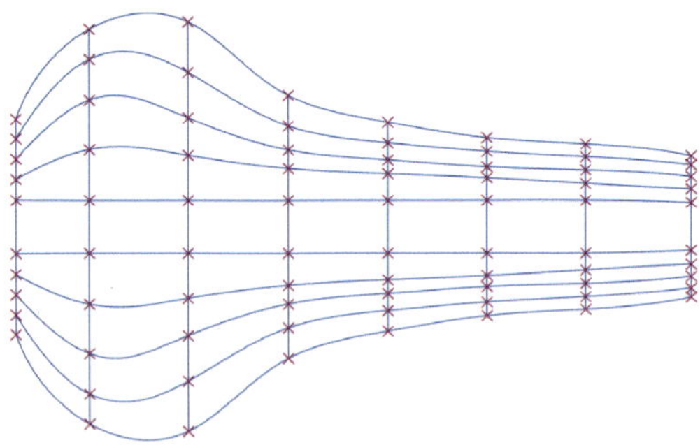

4.5 B-Spline-Fläche erzeugen

Nachdem alle Spline-Kurven definiert wurden, wird im nächsten Schritt eine Fläche über alle Splines gezogen.

REGISTERKARTE MODELL	**B-Spline Fläche erzeugen**

Mit LMB Icon *Berandungsverbund* wählen → SCHALTPULT erscheint

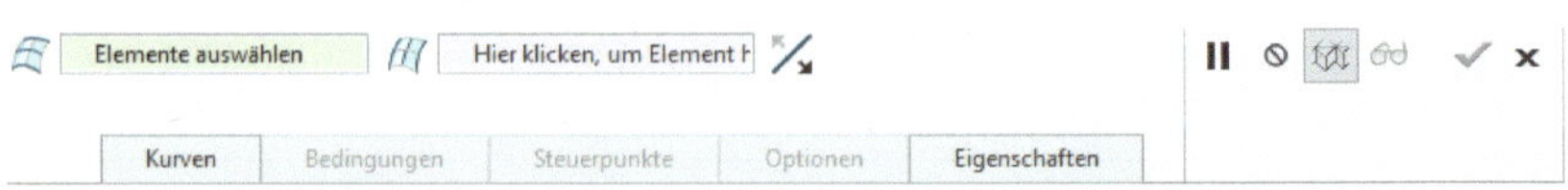

ARBEITSFENSTER	**B-Spline Fläche erzeugen**

Mit STRG + LMB alle Splines erster Richtung (die längeren Splines) selektieren.

SCHALTPULT	**B-Spline Fläche erzeugen**
Mit LMB Button *Kurven* wählen ⇒ in das Feld „zweite Richtung“ den Schriftzug „Hier klicke...“ selektieren	
ARBEITSFENSTER	**B-Spline Fläche erzeugen**
Mit STRG + LMB alle Splines zweiter Richtung (die kürzeren Splines) selektieren.	
SCHALTPULT	**B-Spline Fläche erzeugen**
Mit Icon ✓ SCHALTPULT schließen. 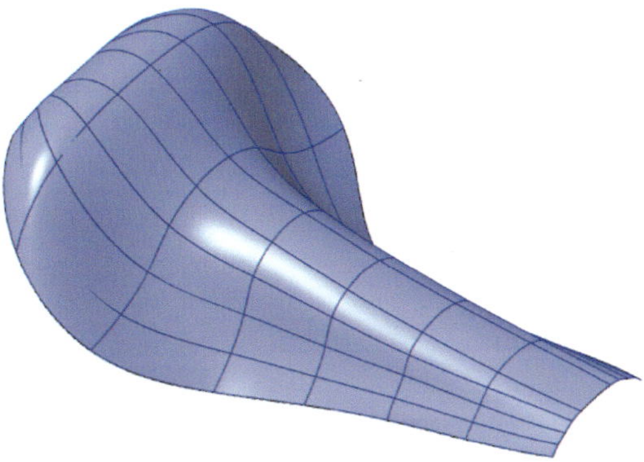	

4.5.1 Punkte und Kurven ausblenden

An diesem Bauteil lässt sich gut erkennen, wie schnell die Übersichtlichkeit in einem Modell verloren geht. Aus diesem Grund bietet es sich an, die Bezugspunkte auf eine separate Folie (Layer, nichtsichtbarer Bereich) zu legen und auszublenden.

Folien werden im Allgemeinen dazu verwendet, erzeugte Konstruktionselemente zu gruppieren. Auf diese Weise werden immer nur die Elemente auf dem Bildschirm dargestellt, die benötigt werden. PTC Creo erzeugt standardmäßig einige Folien, auf die Elemente wie Ebenen, Koordinatensysteme, Kurven, Punkte usw. gelegt werden. Welche Folien angelegt werden, ist in der Datei „config.pro“ festgehalten. Der Anwender hat die Möglichkeit, eigene Folien anzulegen und beliebige Elemente darauf zu legen.

NAVIGATIONSBEREICH	**Punkte und Kurven ausblenden**
Mit LMB Icon *Anzeigen* wählen ⇒ *Folienbaum* → im NAVIGATIONSBEREICH wird eine Übersicht der vorhandenen Folien dargestellt	
RMB auf Folie [03__PRT_ALL_CURVES] (von Creo automatisch angelegte Folie) ⇒ *Ausblenden* RMB auf Folie [04__PRT_ALL_ DTM_PNT] (von Creo automatisch angelegte Folie) ⇒ *Ausblenden*	
RMB in den NAVIGATIONSBEREICH ⇒ Status speichern	
Mit LMB Icon *Anzeigen* wählen ⇒ *Modellbaum* → im NAVIGATIONSBEREICH wird wieder der Modellbaum angezeigt	

Neue Folie anlegen

NAVIGATIONSBEREICH	**Punkte und Kurven ausblenden**
Mit LMB Icon *Anzeigen* wählen ⇒ *Folienbaum* → im NAVIGATIONSBEREICH wird eine Übersicht der vorhandenen Folien dargestellt	
RMB ⇒ Neue Folie… → Fenster **Folieneigenschaften** öffnet sich	
FENSTER **FOLIENEIGENSCHAFTEN**	**Punkte und Kurven ausblenden**
Name: <Name der Folie>	
ARBEITSFENSTER	**Punkte und Kurven ausblenden**
Konstruktionselemente selektieren, die auf Folie gelegt werden sollen	
FENSTER **FOLIENEIGENSCHAFTEN**	**Punkte und Kurven ausblenden**
Mit LMB Button *OK* Fenster **Folieneigenschaften** schließen	
NAVIGATIONSBEREICH	**Punkte und Kurven ausblenden**
Mit LMB Icon *Anzeigen* wählen ⇒ *Modellbaum* → im NAVIGATIONSBEREICH wird wieder der Modellbaum angezeigt	

4.5.2 Zweite Sattelfläche erzeugen

Die erzeugte Sattelfläche soll im Weiteren in ein Volumenmodell umgewandelt werden. Dazu gibt es verschiedene Methoden. Am Beispiel des Sattels soll zunächst die Ursprungsfläche kopiert und versetzt werden. Anschließend werden beide Flächen über eine dritte Fläche miteinander verbunden. Eine andere Vorgehensweise wird im Beispiel Freischwinger, bei der Modellierung der Komponente Sitzkissen, angewendet.

ARBEITSFENSTER	**Zweite Sattelfläche erzeugen**
Mit LMB erste Sattelfläche selektieren.	

REGISTERKARTE MODELL	**Zweite Sattelfläche erzeugen**
Mit LMB Icon *Versatz* wählen → SCHALTPULT erscheint	

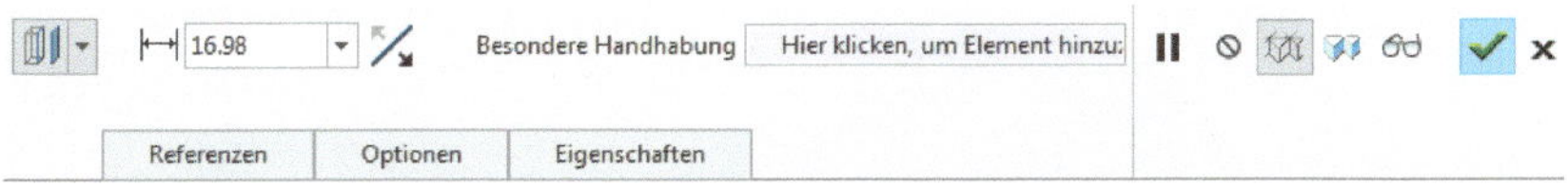

SCHALTPULT	**Zweite Sattelfläche erzeugen**
Mit LMB Button *Optionen* wählen ⇒ Einstellungen wie im Bild wählen	

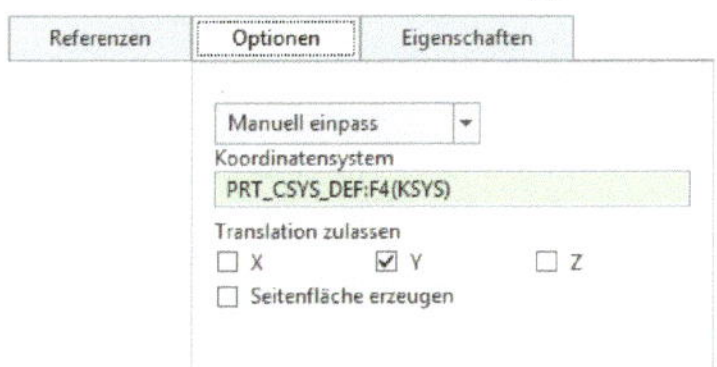

Mit der Option <Manuell einpass> wird die Versatzrichtung durch die Achsen eines Koordinatensystems definiert.

Versatz: <5> ⇒ ENTER

Mit Icon SCHALTPULT schließen.

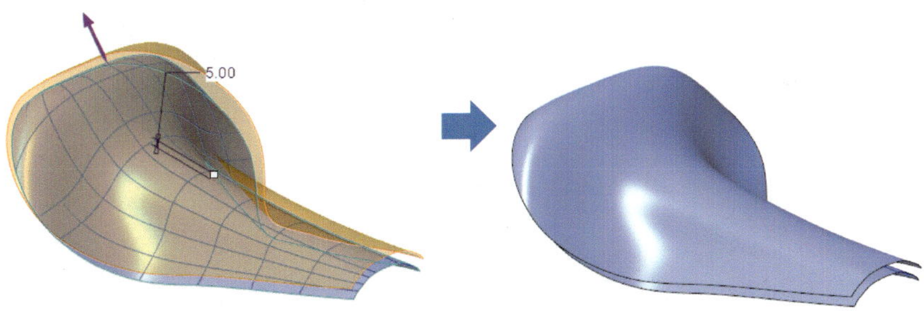

4.5.3 Sattelflächen verbinden

REGISTERKARTE MODELL	**Sattelflächen verbinden**
Mit LMB Icon *Berandungsverbund* wählen → SCHALTPULT erscheint	

ARBEITSFENSTER **Sattelflächen verbinden**

Mit LMB eine Kante der oberen Sattelfläche selektieren ⇒ die restlichen Kanten der oberen Sattelfläche mit UMSCHALT+LMB selektieren ⇒ mit STRG + LMB eine Kante der unteren Sattelfläche selektieren ⇒ die restlichen Kanten der unteren Sattelfläche mit UMSCHALT+LMB selektieren

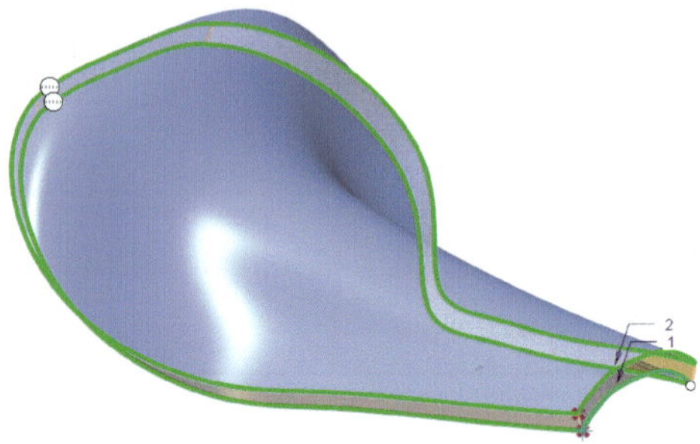

Kann bei der unteren Sattelfläche mit UMSCHALT+LMB keine umlaufende Kante ausgewählt werden, wurden wahrscheinlich die Spline-Kurven statt der Kante der Berandungsfläche selektiert. Um dies zu verhindern: im NAVIGATIONSBEREICH alle Kurven selektieren: ⇒ RMB ⇒ Ausblenden

ARBEITSFENSTER **Sattelflächen verbinden**

Bei der Erzeugung von Berandungsflächen kann es vorkommen, dass Creo den Kurven/ Punkten der ersten Berandung nicht die richtigen Kurven/Punkte der zweiten Berandung zuordnet. Das Ergebnis sieht dann z. B. wie folgt aus:

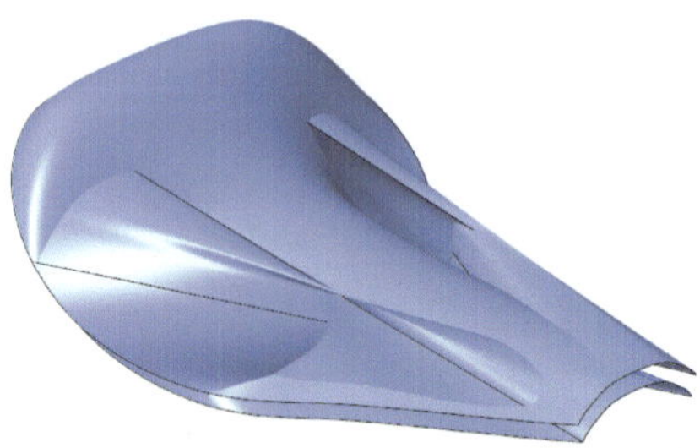

Dies kann behoben werden, indem den Kurvenendpunkten der ersten Berandung die zugehörigen Kurvenendpunkte der zweiten Berandung manuell zugewiesen werden.

Sollte die erzeugte Fläche bereits korrekt sein, kann die Erzeugung der Berandungsfläche mit LMB Icon ✓ abgeschlossen werden.

Sollte die Berandungsfläche Fehler aufweisen, können diese wie folgt behoben werden.

SCHALTPULT	**Sattelflächen verbinden**

Mit LMB Button *Steuerpunkte* wählen ⇒ mit LMB ins rechte Feld auf den oberen Schriftzug <Nicht definiert> klicken → im ARBEITSFENSTER werden die möglichen Punkte farblich hervorgehoben

ARBEITSFENSTER	**Sattelflächen verbinden**

Einen mit grünem Kreuz markierten Punkte wählen ⇒ den zugehörigen Punkt der zweiten Berandungsfläche wählen (siehe Bild links unten)

Die restlichen Eckpunkte der Berandung überprüfen. Sollten diese korrekt verbunden sein, sind ebenfalls Steuerpunkte zu definieren. Dazu im Dialog **Steuerpunkte** den Schriftzug <Neuer Satz> wählen und im ARBEITSFENSTER zwei zusammengehörige Punkte wählen. Dies wiederholen, bis alle Eckpunktpaare sauber durch eine Linie verbunden sind.

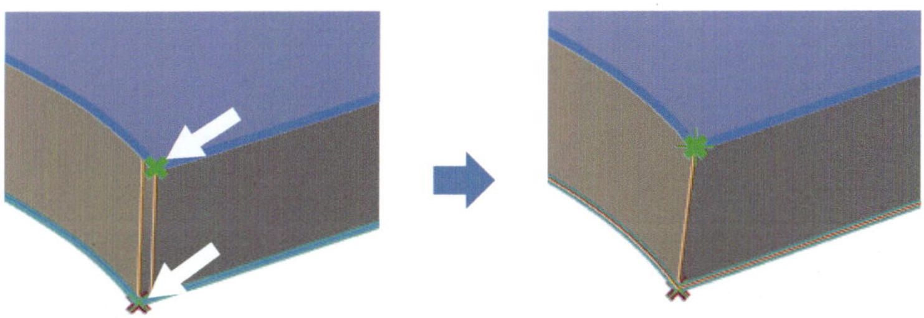

SCHALTPULT	**Sattelflächen verbinden**

Mit Icon ✓ SCHALTPULT schließen.

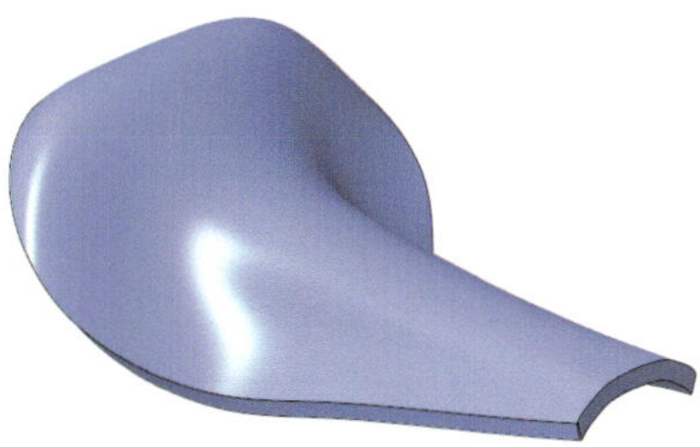

4.6 Flächen zusammenführen

Bevor das Flächenmodell in ein Volumenmodell umgewandelt werden kann, sind zunächst die drei einzelnen Flächen miteinander zu verbinden. Dazu wird die Funktion *Zusammenführen* verwendet.

Zusammenführung

ARBEITSFENSTER	**Zusammenführung**
Mit LMB die obere Sattelfläche selektieren ⇒ mit STRG + LMB die Fläche zwischen den beiden Sattelflächen und die untere Sattelfläche wählen → das Icon *Zusammenführen* wird aktiviert	
REGISTERKARTE MODELL	**Zusammenführung**
Mit LMB Icon *Zusammenführen* wählen → SCHALTPULT erscheint Die Funktion *Zusammenführen* wird verwendet, um mehrere Sammelflächen durch Schneiden oder Vereinen zu verbinden. Die entstehende Sammelfläche ist eine separate Sammelfläche, die mit den ursprünglichen Sammelflächen deckungsgleich ist. Wenn das KE *Zusammenführen* gelöscht wird, bleiben die ursprünglichen Sammelflächen bestehen. Das Verschmelzen dient zur Vorbereitung der Umwandlung eines Flächenmodells in ein Volumenmodell.	
SCHALTPULT	**Zusammenführung**
Mit Icon SCHALTPULT schließen.	

4.7 In Volumenmodell umwandeln

Das vollständig verschmolzene Flächenmodell wird nun in ein Volumenmodell umgewandelt.

MODELLBAUM	**In Volumenmodell umwandeln**
Mit LMB die Sammelfläche wählen.	
REGISTERKARTE MODELL	**In Volumenmodell umwandeln**
Mit LMB Icon *Verbundvolumen* wählen→ SCHALTPULT erscheint	
SCHALTPULT	**In Volumenmodell umwandeln**
Mit Icon SCHALTPULT schließen.	

4.8 Bohrungen erzeugen

Erste Bohrung erzeugen

REGISTERKARTE MODELL	**Erste Bohrung erzeugen**
Mit LMB Icon *Bohrung* wählen → SCHALTPULT erscheint	
ARBEITSFENSTER	**Erste Bohrung erzeugen**
Mit LMB Ebene [TOP] selektieren	
SCHALTPULT	**Erste Bohrung erzeugen**
Mit LMB Button *Platzierung* wählen. → Dialog PLATZIERUNG klappt auf; Platzierungstyp „Linear“ ist bereits vorgewählt. Mit LMB auf Schriftzug „Hier klicken, u...“ im Bereich „Versatzreferenzen“ klicken.	
ARBEITSFENSTER	**Erste Bohrung erzeugen**
Mit STRG + LMB Ebene [FRONT] und Ebene [RIGHT] selektieren	
DIALOG PLATZIERUNG	**Erste Bohrung erzeugen**
Versatzwert für Ebene [RIGHT]: <85> ⇒ ENTER (ggf. negative Werte verwenden, mit Vorschau prüfen) Versatz-Referenztyp für Ebene [FRONT] auf <Ausrichten> stellen (siehe Bild) 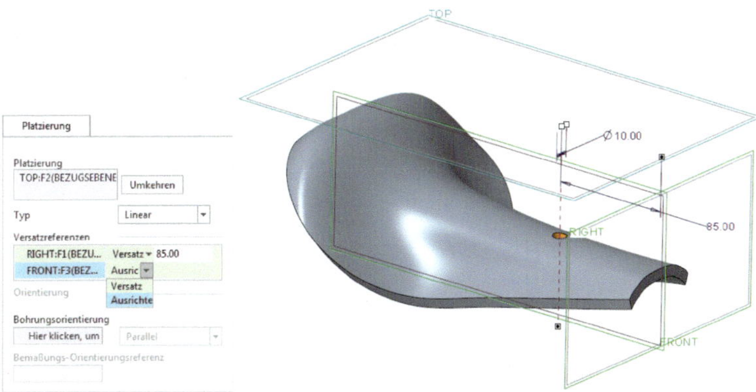	
SCHALTPULT	**Erste Bohrung erzeugen**
Bohrungsdurchmesser: <10> ⇒ ENTER ⇒ mit LMB Pfeil anklicken, um Tiefenoption zu wählen ⇒ die Option „Bis zu nächster Fläche bohren“ wählen Mit Icon SCHALTPULT schließen.	

Um Arbeitsaufwand zu sparen, werden die restlichen Bohrungen als Muster erzeugt.

Bohrungsmuster erzeugen

<table>
<tr><td>ARBEITSFENSTER</td><td>Bohrungsmuster erzeugen</td></tr>
<tr><td colspan="2">Mit LMB eben erzeugte Bohrung selektieren →Button Muster wird aktiviert</td></tr>
<tr><td>REGISTERKARTE MODELL</td><td>Bohrungsmuster erzeugen</td></tr>
<tr><td colspan="2">Mit LMB Icon Muster wählen → SCHALTPULT erscheint</td></tr>
<tr><td>SCHALTPULT</td><td>Bohrungsmuster erzeugen</td></tr>
<tr><td colspan="2">Mustertyp <Bemaßung> wählen.</td></tr>
<tr><td>SCHALTPULT</td><td>Bohrungsmuster erzeugen</td></tr>
<tr><td colspan="2">Mit LMB Button Bemaßung wählen</td></tr>
<tr><td>ARBEITSFENSTER</td><td>Bohrungsmuster erzeugen</td></tr>
<tr><td colspan="2">Mit LMB die Bemaßung <85.00> selektieren.</td></tr>
<tr><td>SCHALTPULT</td><td>Bohrungsmuster erzeugen</td></tr>
<tr><td colspan="2">Inkrement: <50> ⇒ ENTER
Eingabefenster „Anzahl der Mustermitglieder in erster Richtung eingeben“ <3> ⇒ ENTER

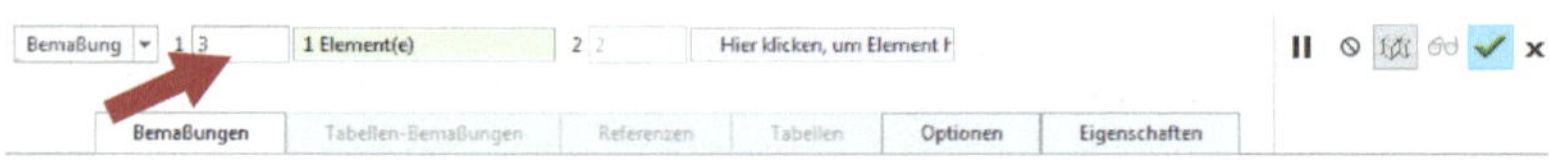

Inkrement gibt an, wie weit die gemusterten KEs in die gewählte Richtung versetzt werden.
Mit Icon SCHALTPULT schließen.

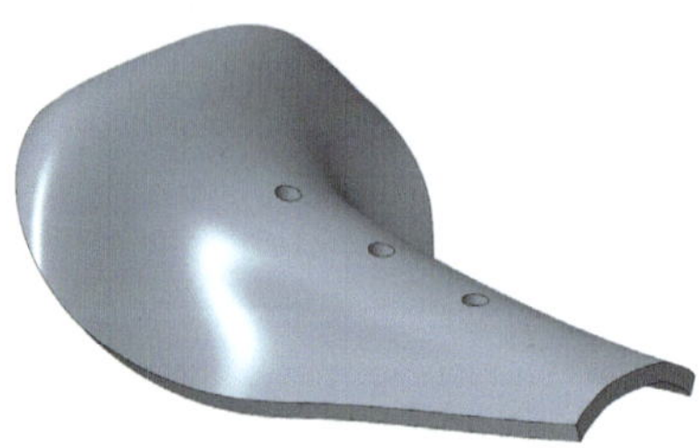
</td></tr>
</table>

4.9 Rundungen erzeugen

Erste Rundung erzeugen

REGISTERKARTE MODELL	**Erste Verrundung erzeugen**
Mit LMB Icon *Rundung* wählen → SCHALTPULT erscheint	
ARBEITSFENSTER	**Erste Verrundung erzeugen**
Mit STRG + LMB die Kanten an der Spitze des Sattels wählen.	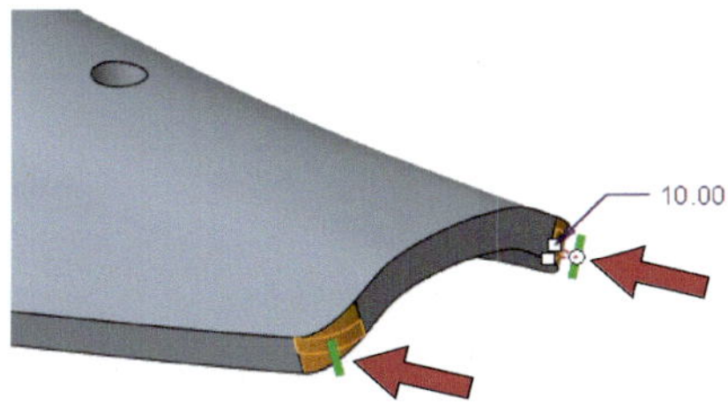
SCHALTPULT	**Erste Verrundung erzeugen**
Radiuswert <10> ⇒ ENTER Mit Icon SCHALTPULT schließen.	

Zweite Rundung erzeugen

REGISTERKARTE MODELL	**Zweite Verrundung erzeugen**
Mit LMB Icon *Rundung* wählen → SCHALTPULT erscheint	
ARBEITSFENSTER	**Zweite Verrundung erzeugen**
Mit STRG + LMB die Kanten am Ende des Sattels wählen	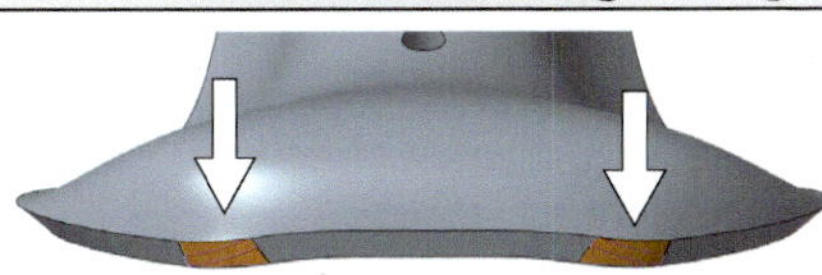
SCHALTPULT	**Zweite Verrundung erzeugen**
Radiuswert <40> ⇒ ENTER Mit Icon SCHALTPULT schließen.	

4.10 Sattel speichern

MENÜLEISTE	**Sattel speichern**
DATEI ⇒ SPEICHERN oder LMB ⇒	

4.11 Kontrollfragen

1. Was ist die allgemeine Vorgehensweise zur Erzeugung von Bauteilen mit komplizierter Außenkontur?
2. Welche allgemeine Vorgehensweise liegt der Erzeugung der B-Spline-Flächen zugrunde?
3. Wie können unsauber erzeugte Berandungsflächen „repariert“ werden?
4. Komplizierte bzw. große Bauteile enthalten oft eine Vielzahl verschiedener Elemente. Wie kann in solchen Bauteilen die Übersichtlichkeit erhöht werden?

5 Übung: Freischwinger

Das Erstellen des Freischwingers vertieft die Flächenmodellierung und das Arbeiten in und mit Baugruppen. Es werden beim Erstellen der Einzelteile praxisrelevante Funktionen des CAD-Systems vorgestellt und angewendet. Die Baugruppe Freischwinger wird in folgenden Teilabschnitten modelliert:

- Modellieren des Rahmens
- Modellieren des Sitzkissens
- Modellieren der Lehne
- Zusammenbau

5.1 Modellieren des Rahmens

Vorgehensweise

- Erzeugen der ersten Rahmenhälfte
- Erzeugen der Lehnenaufnahme
- Spiegeln von Rahmen und Lehnenaufnahme
- Erzeugen der Berandungsfläche
- Verschmelzen der einzelnen Flächen
- Aufdicken
- Erzeugen der Bohrungen für die Rückenlehne

5.1.1 Neue Datei erzeugen

Erzeugen eines neuen Bauteils; Name: <rahmen>

5.1.2 Erzeugen der ersten Rahmenhälfte

Erste Leitkurve skizzieren

REGISTERKARTE MODELL	**Erste Leitkurve skizzieren**
Mit LMB Icon Skizze wählen → Fenster **Skizze** erscheint	
ARBEITSFENSTER	**Erste Leitkurve skizzieren**
Mit LMB Ebene [FRONT] selektieren	
FENSTER SKIZZE	**Erste Leitkurve skizzieren**
Mit LMB Button *Skizze* wählen ⇒ Icon *Skizzenansicht* wählen, um Skizze auszurichten → Fenster **Skizze** wird geschlossen → Skizzieransicht wird im ARBEITSFENSTER geöffnet → SKIZZIERWERKZEUGLEISTE erscheint Bei Bedarf Icon *Skizzenansicht* wählen, um Skizze auszurichten	

SKIZZIERWERKZEUGLEISTE	**Erste Leitkurve skizzieren**
Mit den Funktionen *Linie* und *Rund trimmen* die Skizze gemäß Abbildung erzeugen.	

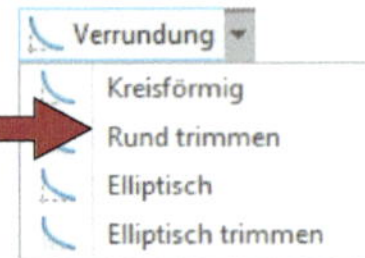

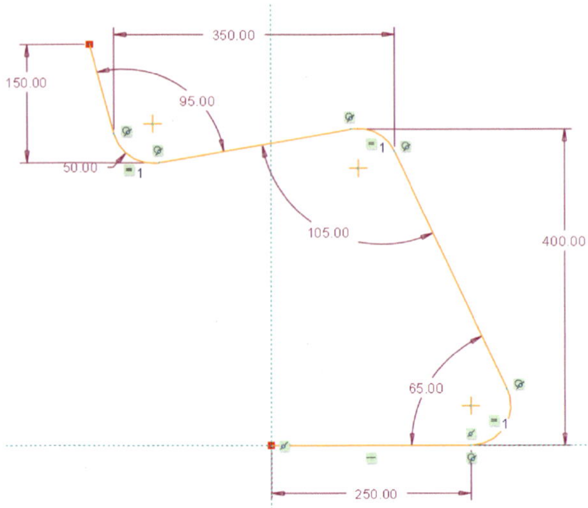

Mit Icon Skizzieransicht schließen.

Zweite Leitkurve skizzieren

REGISTERKARTE MODELL	**Zweite Leitkurve skizzieren**
Mit LMB Icon Skizze wählen → Fenster **Skizze** erscheint	
ARBEITSFENSTER	**Zweite Leitkurve skizzieren**
Mit LMB Ebene [TOP] selektieren.	
FENSTER SKIZZE	**Zweite Leitkurve skizzieren**
Mit LMB Button *Skizze* wählen → Fenster **Skizze** wird geschlossen → Skizzieransicht wird im ARBEITSFENSTER geöffnet → SKIZZIERWERKZEUGLEISTE erscheint Bei Bedarf Icon *Skizzenansicht* wählen, um Skizze auszurichten	

ARBEITSFENSTER	**Zweite Leitkurve skizzieren**

Mit den Funktionen *Linie* und *Rund trimmen* die Skizze gemäß Abbildung erzeugen.

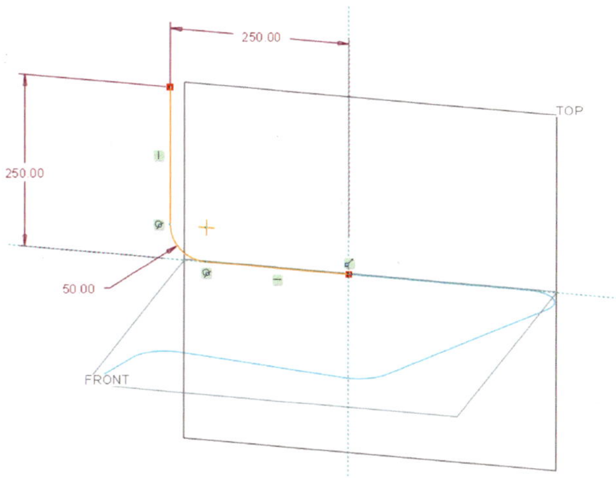

Mit Icon Skizzieransicht schließen.

Zug-KE erzeugen

REGISTERKARTE MODELL	**Zug-KE erzeugen**

Mit LMB Icon *Zug-KE* wählen → SCHALTPULT erscheint

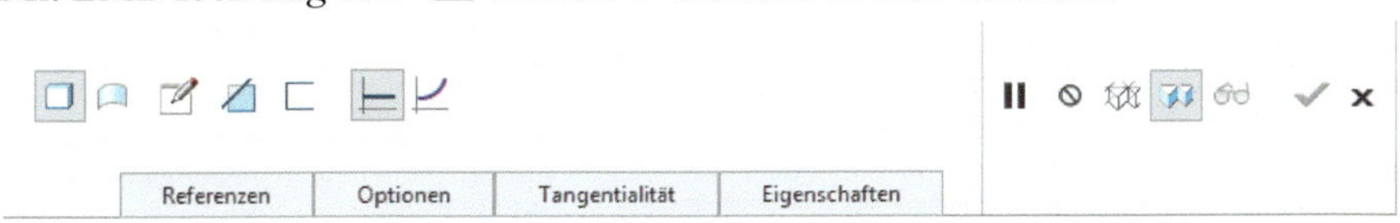

ARBEITSFENSTER	**Zug-KE erzeugen**

Mit LMB erste Leitkurve selektieren ⇒ zweite Leitkurve mit UMSCHALT+LMB selektieren

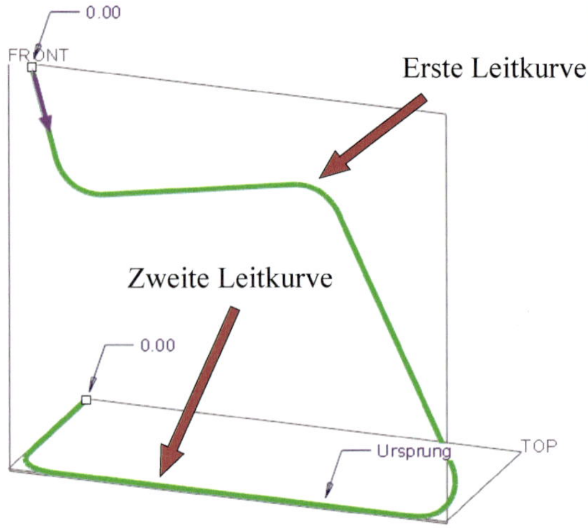

SCHALTPULT	**Zug-KE erzeugen**

Mit LMB Icon *Schnitt* wählen → Skizzieransicht wird geöffnet

ARBEITSFENSTER	**Zug-KE erzeugen**

Querschnitt zeichnen ⇒ Querschnitt bemaßen

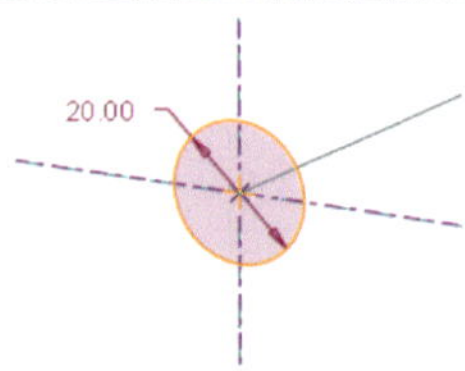

Mit Icon Skizzieransicht schließen.

SCHALTPULT	**Zug-KE erzeugen**

Mit Icon SCHALTPULT schließen.

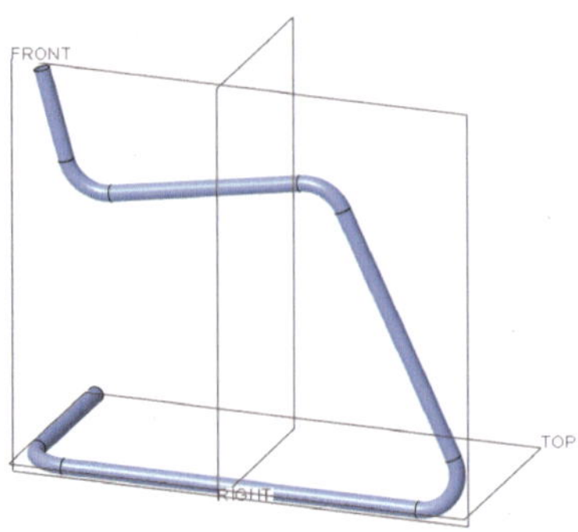

5.1.3 Erzeugen der Lehnenaufnahme

Erste Bezugsebene erzeugen

MULTIFUNKTIONSLEISTE	**Erste Bezugsebene erzeugen**
Mit LMB Icon *Ebene* wählen → Fenster **Bezugsebene** erscheint	
ARBEITSFENSTER	**Erste Bezugsebene erzeugen**
Mit LMB am oberen Ende des Rahmens einen der Halbkreise selektieren.	

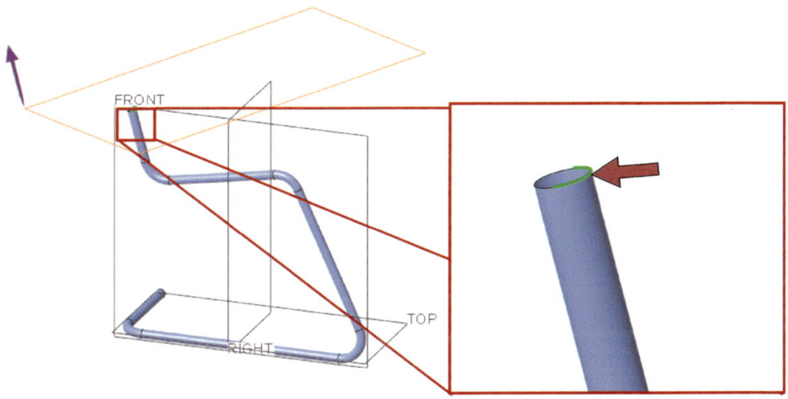

FENSTER BEZUGSEBENE	**Erste Bezugsebene erzeugen**
Mit Button *OK* Fenster **Bezugsebene** schließen.	

Zweite Bezugsebene erzeugen

MULTIFUNKTIONSLEISTE	**Zweite Bezugsebene erzeugen**
Mit LMB Icon *Ebene* wählen → Fenster **Bezugsebene** erscheint	

ARBEITSFENSTER	**Zweite Bezugsebene erzeugen**
Mit LMB zuvor erzeugte Bezugsebene [DTM1] selektieren ⇒ Platzierung auf <Senkrecht> ändern Mit STRG + LMB den oberen Endpunkt der Leitkurve des Rahmens selektieren Mit STRG + LMB Ebene [FRONT] auswählen ⇒ Platzierung auf <Senkrecht> ändern Mit Button *OK* Fenster **Bezugsebene** schließen	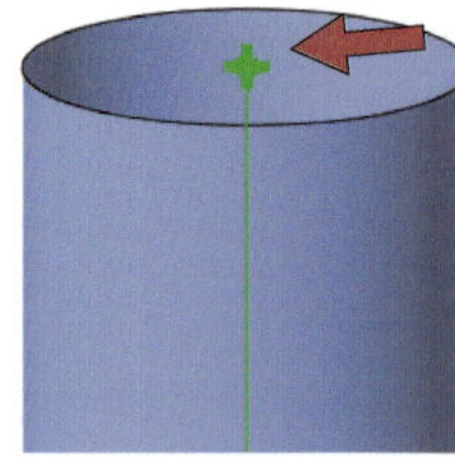 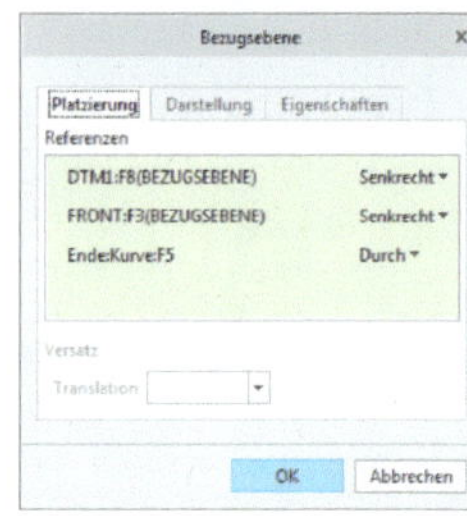

Dritte Bezugsebene erzeugen

MULTIFUNKTIONSLEISTE	**Dritte Bezugsebene erzeugen**
Mit LMB Icon *Ebene* wählen → Fenster **Bezugsebene** erscheint	
ARBEITSFENSTER	**Dritte Bezugsebene erzeugen**
Mit LMB zuvor erzeugte Bezugsebene [DTM1] selektieren.	
FENSTER BEZUGSEBENE	**Dritte Bezugsebene erzeugen**
Im Eingabefeld „Versatz" <50> ⇒ ENTER Überprüfen, ob Versatz in richtige Richtung erfolgt (50 mm oberhalb des Rohrendes), falls nicht ⇒ Richtung durch Eingabe eines negativen Versatzwertes <-50> umkehren Mit Button *OK* Fenster **Bezugsebene** schließen.	

Lehnenaufnahme erzeugen

MULTIFUNKTIONSLEISTE	**Lehnenaufnahme erzeugen**
Mit LMB Icon *Profil* wählen → SCHALTPULT erscheint	

ARBEITSFENSTER	**Lehnenaufnahme erzeugen**

Mit LMB Ebene [DTM3] selektieren ⇒ Icon *Skizzenansicht* wählen, um Skizze auszurichten

→ Skizzieransicht wird im ARBEITSFENSTER geöffnet

→ SKIZZIERWERKZEUGLEISTE erscheint Ist die Skizzenansicht so ausgerichtet, dass der Querschnitt nicht zu sehen ist, dann mit LMB Button *Skizze einrichten* → Fenster **Skizze** erscheint ⇒ mit LMB Button *Umkehren* wählen ⇒ ENTER

SKIZZIERWERKZEUGLEISTE	**Lehnenaufnahme erzeugen**

Mit LMB Button *Referenzen* → Fenster **Referenzen** erscheint

ARBEITSFENSTER	**Lehnenaufnahme erzeugen**

Mit LMB Ebene [DTM2] selektieren ⇒ mit LMB Ebene [FRONT] selektieren (falls noch nicht automatisch gewählt) ⇒ mit LMB die obere Kante des Rahmenrohres selektieren ⇒ Fenster **Referenzen** schließen

SKIZZIERWERKZEUGLEISTE	**Lehnenaufnahme erzeugen**

Rechteck gemäß der Skizze erzeugen.

Die Lehnenaufnahme ist so zu modellieren, dass sie zur Vorderseite des Stuhls zeigt.

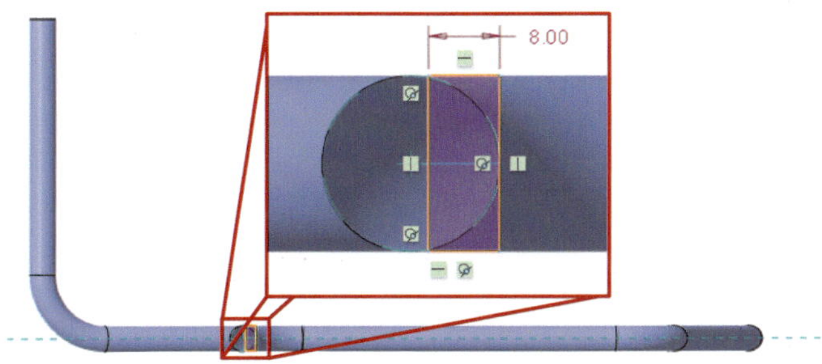

SCHALTPULT	**Lehnenaufnahme erzeugen**
Mit LMB Icon *Profilkörper als Fläche* wählen ⇒ Eingabefenster Wert: <50> ⇒ ENTER Mit Icon SCHALTPULT schließen. Die Lehnenaufnahme ist so zu modellieren, dass sie zur Vorderseite des Stuhls zeigt.	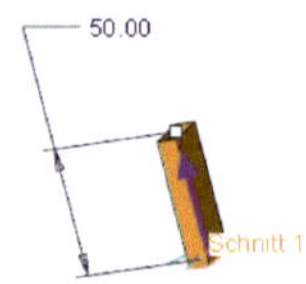 

5.1.4 Berandungsfläche erzeugen

MULTIFUNKTIONSLEISTE	**Berandungsfläche erzeugen**
Mit LMB Icon *Berandungsverbund* wählen → SCHALTPULT erscheint	
ARBEITSFENSTER	**Berandungsfläche erzeugen**
Mit LMB einen Halbkreis der Rahmenfläche selektieren ⇒ mit UMSCHALT + LMB den zweiten Halbkreis hinzufügen Mit STRG + LMB die erste Kante der Lehnenaufnahme selektieren ⇒ mit UMSCHALT+LMB die restlichen Kanten der Lehnenaufnahme hinzufügen (siehe Skizze)	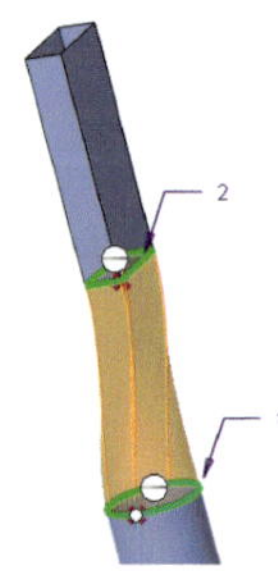
SCHALTPULT	**Berandungsfläche erzeugen**
Mit LMB Registerkarte *Bedingungen* wählen ⇒ Berandungsbedingungen für beide Berandungsketten auf <Tangential> setzen	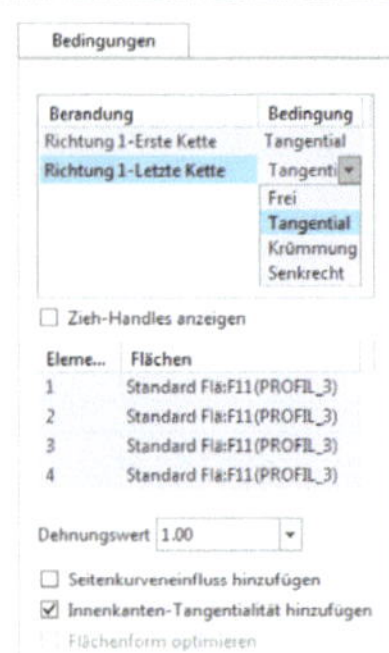

SCHALTPULT/ARBEITSFENSTER	**Berandungsfläche erzeugen**
Mit LMB Button *Steuerpunkte* wählen ⇒ auf das obere Feld „nicht definiert“ im Bereich „Steuerpunkte“ klicken Mit LMB einem Punkt auf dem Kreisquerschnitt und den dazugehörigen Eckpunkt des Rechteckquerschnitts wählen. Analoge Vorgehensweise für die andere Seite der Aufnahme. Mit Icon ✓ SCHALTPULT schließen.	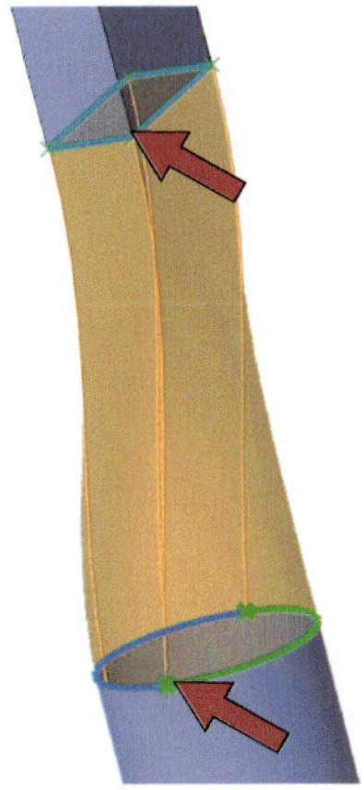

5.1.5 Rahmen und Lehnenaufnahme spiegeln

Bezugsebene erzeugen

MULTIFUNKTIONSLEISTE	**Bezugsebene erzeugen**
Mit LMB Icon *Ebene* ◻ wählen → Fenster **Bezugsebene** erscheint	
ARBEITSFENSTER	**Bezugsebene erzeugen**
Am unteren Ende des Rahmens einen der Halbkreise der Kante selektieren. 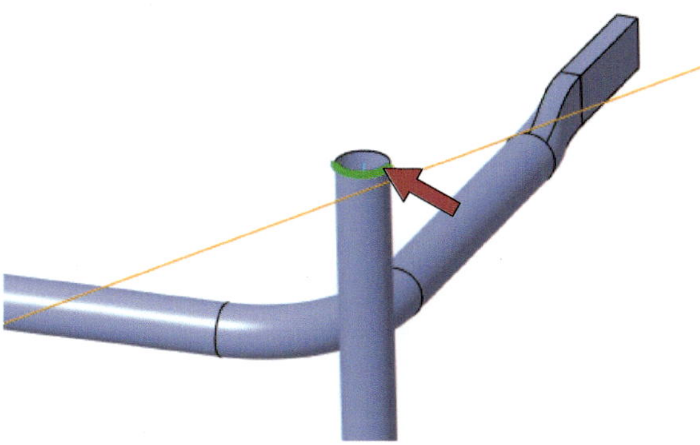	
FENSTER BEZUGSEBENE	**Bezugsebene erzeugen**
Mit Button *OK* Fenster **Bezugsebene** schließen.	

Stuhlhälften spiegeln

MODELLBAUM	**Stuhlhälften spiegeln**
Mit STRG + LMB Rahmen („Ziehen1“), Lehnenaufnahme („Profil1“) und Berandungsverbund („Berandungsverbund1“) selektieren.	

MULTIFUNKTIONSLEISTE	**Stuhlhälften spiegeln**
Mit LMB Icon *Spiegeln* wählen → SCHALTPULT erscheint	

ARBEITSFENSTER	**Stuhlhälften spiegeln**
Mit LMB die eben erzeugte Bezugsebene [DTM4] selektieren.	

SCHALTPULT	**Stuhlhälften spiegeln**
Mit Icon SCHALTPULT schließen.	

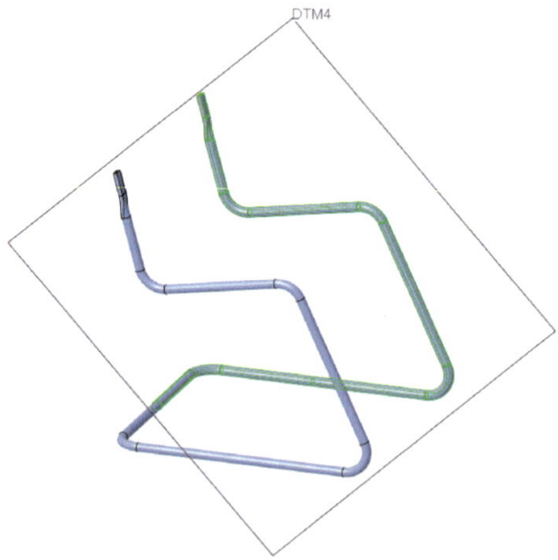

5.1.6 Flächen zusammenführen

MODELLBAUM	**Flächen zusammenführen**
Das Zusammenführen der einzelnen Flächen in folgender Reihenfolge durchführen: 1. Mit LMB die erste Lehnenaufnahme („Profil1“) selektieren 2. Mit STRG + LMB die erste Berandungsfläche („Berandungsverbund1“) selektieren 3. Mit STRG + LMB die erste Rahmenfläche („Ziehen1“) selektieren 4. Mit STRG + LMB die zweite Rahmenfläche („Profil1(2)“) des KEs „Spiegeln1“ selektieren	

5. Mit STRG + LMB die zweite Berandungsfläche („Berandungsverbund1 (2)“) des KEs „Spiegeln1“ selektieren
6. Mit STRG + LMB die zweite Berandungsfläche („„Ziehen1 (2)“) des KEs „Spiegeln1“ selektieren

→ Icon *Zusammenführen* *wird in der MULTIFUNKTIONSLEISTE auswählbar*

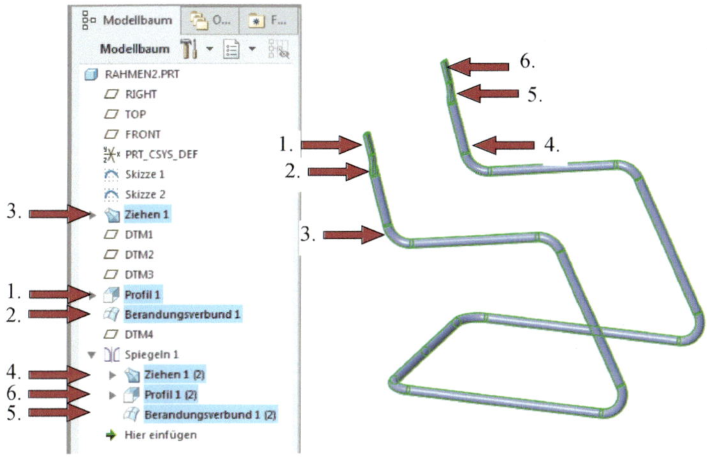

Es wird empfohlen die Auswahl der entsprechenden KEs im Modellbaum durchzuführen.

MULTIFUNKTIONSLEISTE	**Flächen zusammenführen**
Mit LMB Icon *Zusammenführen* wählen → SCHALTPULT erscheint	

SCHALTPULT	**Flächen zusammenführen**
Mit Icon SCHALTPULT schließen.	

5.1.7 Fläche aufdicken

Die Umwandlung des Flächenmodells in einen Volumenkörper geschieht durch Aufdicken des vorhandenen Flächenmodells.

MODELLBAUM	**Fläche aufdicken**
Mit LMB KE „Zusammenführen1“ selektieren.	

MULTIFUNKTIONSLEISTE	**Fläche aufdicken**
Mit LMB Icon *Aufdicken* → SCHALTPULT erscheint	

SCHALTPULT	**Fläche aufdicken**
Materialdicke: <2> ⇒ ENTER Das Material soll auf der Innenseite der Fläche hinzugefügt werden. Sollte Creo das Material auf der Außenseite hinzufügen oder jeweils zur Hälfte innen und außen hinzufügen, kann die Richtung über den Button *Richtung der resultierenden Geometrie umkehren* gewechselt werden. Mit Icon SCHALTPULT schließen.	

5.1.8 Bohrungen für die Rückenlehne erzeugen

Erste Bohrung erzeugen

MULTIFUNKTIONSLEISTE	**Erste Bohrung erzeugen**
Mit LMB Icon *Bohrung* wählen → SCHALTPULT erscheint	
ARBEITSFENSTER	**Erste Bohrung erzeugen**
Frontfläche der Lehnenaufnahme selektieren (linke oder rechte Seite des Rahmens)	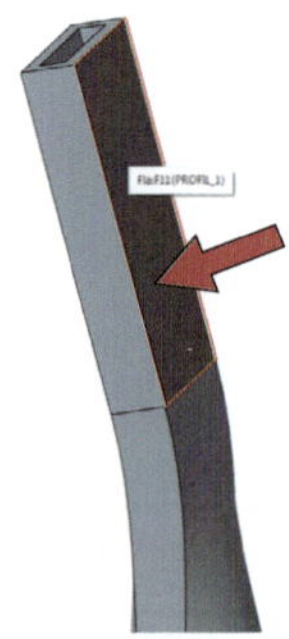
SCHALTPULT	**Erste Bohrung erzeugen**
Mit LMB Registerkarte *Platzierung* wählen ⇒ mit LMB auf Schriftzug „Hier klicken, u...“ im Feld „Versatzreferenzen“ klicken	

ARBEITSFENSTER	**Erste Bohrung erzeugen**

Mit STRG + LMB eine lange und eine kurze Seite der Lehnenaufnahme selektieren.

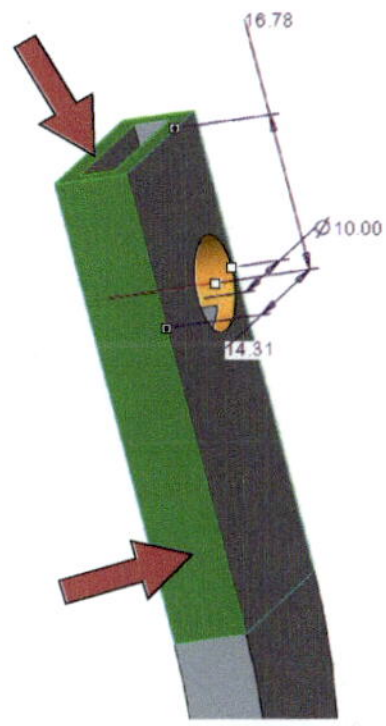

SCHALTPULT	**Erste Bohrung erzeugen**

Abstand zur langen Seite <10> ⇒ ENTER

Abstand zur kurzen Seite <40> ⇒ ENTER

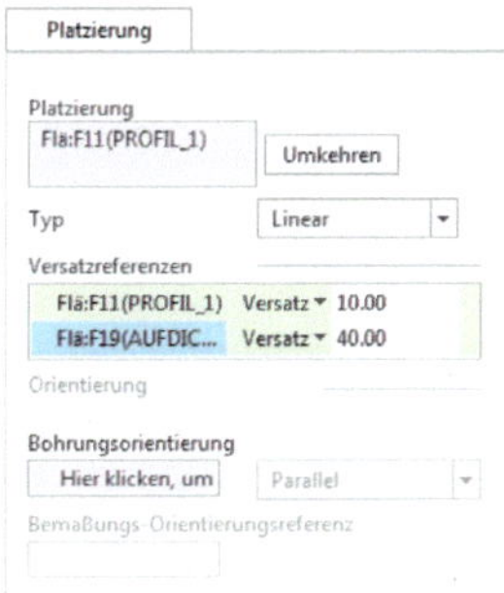

Mit negativen Werten arbeiten, falls die Bohrung außerhalb der Fläche sitzt.

Bohrungsdurchmesser: <10> ⇒ ENTER

Mit LMB Pfeil anklicken, um Tiefenoption zu wählen ⇒ die Option „Bohren, um mit allen Flächen zu schneiden" wählen

Mit Icon SCHALTPULT schließen.

Erzeugen der Bohrung der zweiten Lehnenaufnahme durch Spiegeln.

5.1.9 Modellieren der Sitzkissenaufnahmen

Im letzten Schritt wird eine Aufnahme modelliert, welche später der Befestigung des Sitzkissens dienen soll. Vor der Modellierung ist zunächst eine Bezugsebene zu erzeugen.

Bezugsebene erzeugen

MULTIFUNKTIONSLEISTE	**Bezugsebene erzeugen**
Mit LMB Icon *Ebene* wählen → Fenster **Bezugsebene** erscheint	
ARBEITSFENSTER	**Bezugsebene erzeugen**
Mit LMB die Bezugsebene [FRONT] selektieren.	
FENSTER BEZUGSEBENE	**Bezugsebene erzeugen**
Im Eingabefeld „Versatz“ <35> ⇒ ENTER Überprüfen, ob Versatz in richtige Richtung erfolgt (35 mm in Richtung Rahmenmitte), falls nicht ⇒ Richtung durch Eingabe eines negativen Versatzwertes umkehren. Mit Button *OK* Fenster **Bezugsebene** schließen.	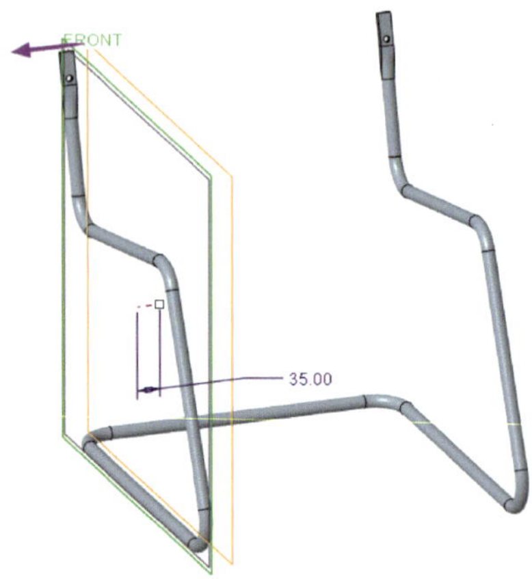

Sitzkissenaufnahme erzeugen

MULTIFUNKTIONSLEISTE	**Aufnahme erzeugen**
Mit LMB Icon *Profil* wählen → SCHALTPULT erscheint	
ARBEITSFENSTER	**Aufnahme erzeugen**
Mit LMB die Ebene [DTM4] selektieren ⇒ Icon *Skizzenansicht* wählen, um Skizze auszurichten → Skizzieransicht wird im ARBEITSFENSTER geöffnet → SKIZZIERWERKZEUGLEISTE erscheint	

ARBEITSFENSTER	**Aufnahme erzeugen**
Einen Querschnitt wie in der Skizze erzeugen.	
Die Maße des Rechtecks sind in der Skizze nicht explizit angegeben. Das Rechteck beginnt und endet jeweils am Beginn des Bogens und seine Höhe ist gleich dem Querschnittsdurchmesser des Rahmens. Das Rechteck kann über Platzierungsbedingungen positioniert und dimensioniert werden oder mit Hilfe der Funktion *Projizieren* erzeugt werden.	

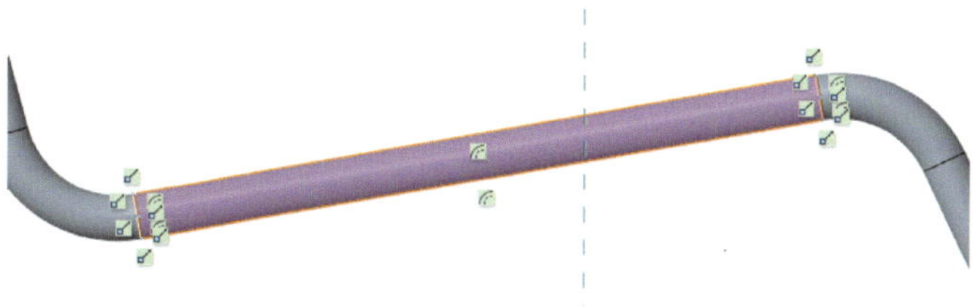

Mit Icon Skizzieransicht schließen.	
SCHALTPULT	**Aufnahme erzeugen**
Mit LMB Pfeil anklicken, um Tiefenoption zu wählen ⇒ die Option „Bis ausgewählt“ wählen ⇒ mit LMB Mantelfläche am Rahmen wählen	

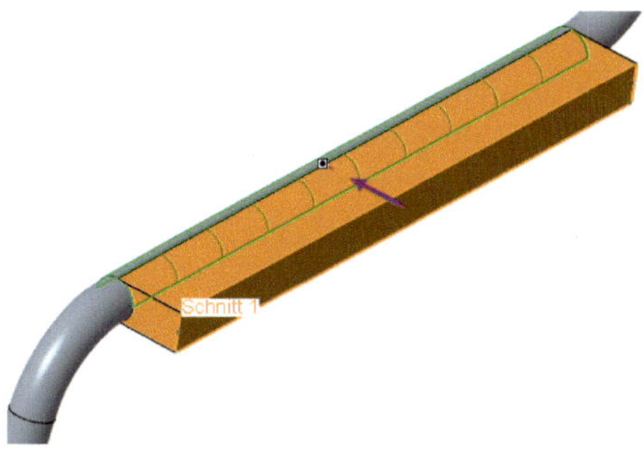

Mit Icon SCHALTPULT schließen.	

Bohrung erzeugen

MULTIFUNKTIONSLEISTE	**Bohrung erzeugen**
Mit LMB Icon *Bohrung* wählen → SCHALTPULT erscheint	
SCHALTPULT	**Bohrung erzeugen**
Mit LMB Button *Platzierung* wählen.	

ARBEITSFENSTER — **Bohrung erzeugen**

Mit LMB Stirnfläche der Aufnahme selektieren.

SCHALTPULT — **Bohrung erzeugen**

Platzierungsart auf <Linear> stellen ⇒ mit LMB auf Schriftzug „Hier klicken, u...“ im Fenster „Sekundäre Referenzen“ → Schriftzug ändert sich zu „2 Element wählen...“

ARBEITSFENSTER — **Bohrung erzeugen**

Mit LMB Deckfläche der Aufnahme ⇒ mit STRG + LMB die Seitenfläche der Aufnahme wählen

⇒ Abstand zur Deckfläche <5>

⇒ Abstand zur Seitenfläche: <15>

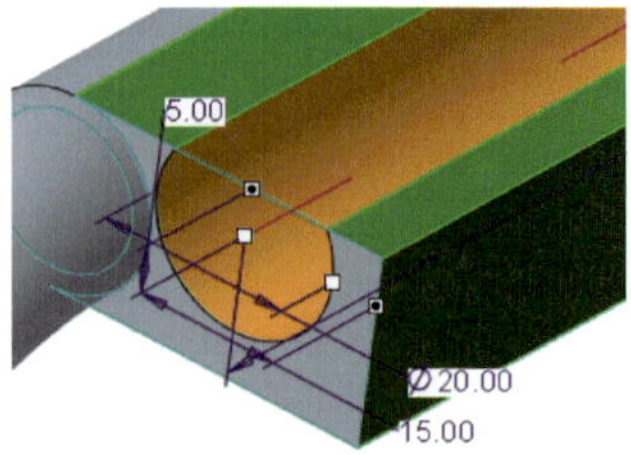

SCHALTPULT — **Bohrung erzeugen**

Bohrungsdurchmesser: <20> ⇒ ENTER ⇒ Bohrungstiefe: <235> ⇒ ENTER

Mit Icon  SCHALTPULT schließen.

Sitzkissenaufnahme verrunden

MULTIFUNKTIONSLEISTE — **Aufnahme verrunden**

Mit LMB Icon *Rundung*  wählen → SCHALTPULT erscheint

ARBEITSFENSTER — **Aufnahme verrunden**

Mit STRG + LMB die Kanten der Aufnahme wählen.

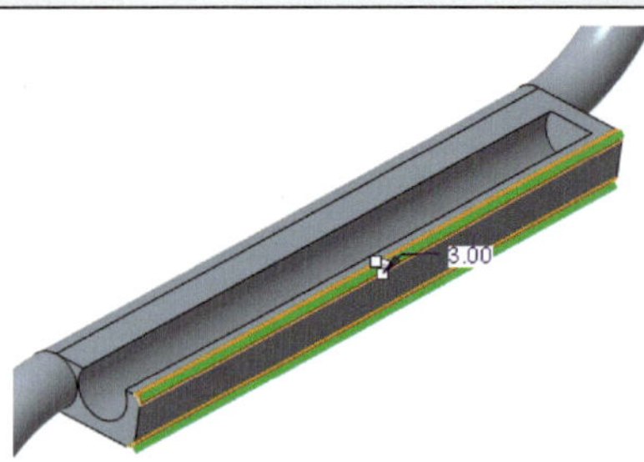

SCHALTPULT — **Aufnahme verrunden**

Radiuswert <3> ⇒ ENTER

Mit Icon  SCHALTPULT schließen.

5.1.10 Aufnahme spiegeln

MODELLBAUM	**Aufnahmen spiegeln**
Mit STRG + LMB die KEs „Profil 2“, „Bohrung 2“ und „Rundung 1“ selektieren→ Icon *Spiegeln* *wird auswählbar*	

MULTIFUNKTIONSLEISTE	**Aufnahmen spiegeln**
Mit LMB Icon *Spiegeln* wählen → SCHALTPULT erscheint	

SCHALTPULT	**Aufnahmen spiegeln**
Mit LMB die Ebene [DTM4] wählen ⇒ Mit Icon SCHALTPULT schließen. → SCHALTPULT EXTRUSION öffnet sich	
Die durch Auswahl der Tiefenoption bestimmte Fläche des KEs „Profil 2“, der Extrusion der Sitzkissenaufnahme, kann nicht für die Tiefendefinition des entsprechenden gespiegelten KEs herangezogen werden. Darum verlangt Creo hier nach einer neuen Fläche.	

SCHALTPULT	**Aufnahmen spiegeln**
Mit RMB in das Feld „Tiefenreferenz“ klicken ⇒ *Entfernen* wählen	

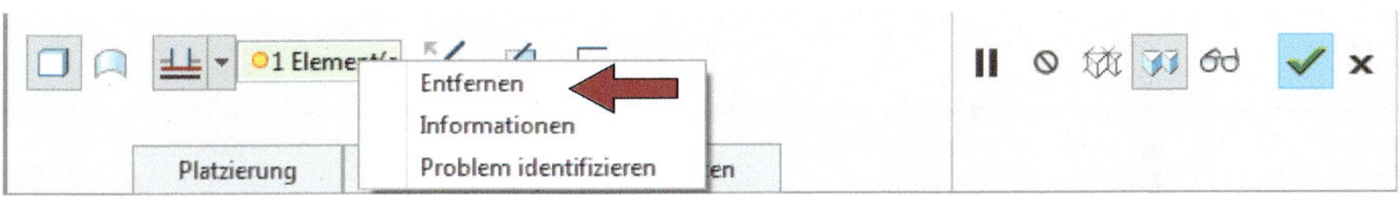

ARBEITSFENSTER	**Aufnahme verrunden**
Mit LMB die Außenseite der Mantelfläche des Rahmens wählen (Seite der ersten Aufnahme)	
Mit Icon SCHALTPULT schließen.	

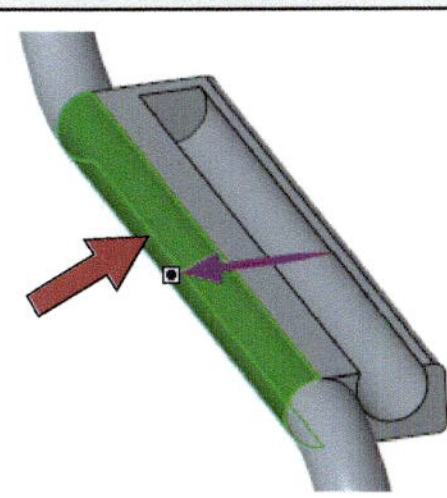

5.1.11 Rahmen speichern

MENÜLEISTE	**Rahmen speichern**
DATEI ⇒ SPEICHERN oder LMB ⇒	

5.2 Modellieren des Sitzkissens

Vorgehensweise

- Eingeben der Punkte und Erzeugen der Spline-Kurven
- Spiegeln der Spline-Kurven
- Erzeugen der Kurve für die vordere Sitzkante
- Erzeugen der B-Spline Fläche
- Aufdicken der Fläche
- Modellieren der Schiene

5.2.1 Neues Bauteil

Erzeugen eines neuen Bauteils; Name: <sitzkissen>

5.2.2 Punkte erzeugen

MULTIFUNKTIONSLEISTE	**Punkte erzeugen**

Mit LMB Button *Versatz-Koordinatensystem* wählen → Fenster **Bezugspunkt** erscheint

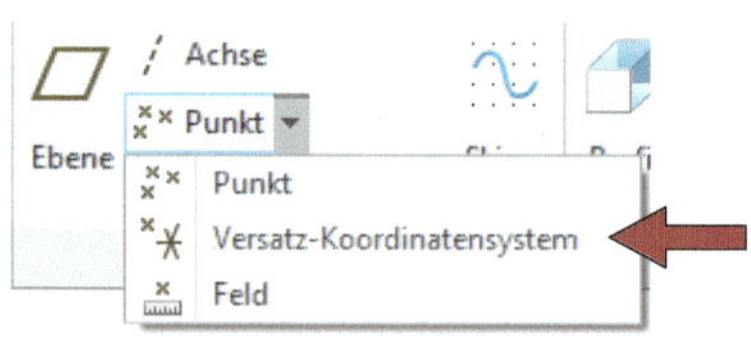

ARBEITSFENSTER	**Punkte erzeugen**

Mit LMB Koordinatensystem selektieren.

FENSTER **BEZUGSPUNKT**	**Punkte erzeugen**

In erste leere Zelle klicken X-Wert, Y-Wert und Z-Wert entsprechend Tabelle eingeben ⇒ um einen neuen Punkt hinzuzufügen, in erste freie Zelle der nächsten Zeile klicken

Alle Punkte der folgenden Übersicht hinzufügen.

x	*y*	*z*		*x*	*y*	*z*
30	0	475		70	-5	25
20	-2	470		75	-2	-20
15	-5	425		80	0	-25
25	-15	325		130	0	475
35	-10	225		127	-2	470

25	-15	125		125	-5	425
15	-5	25		126	-15	325
20	-2	-20		127	-10	225
30	0	-25		126	-15	125
80	0	475		125	-5	25
75	-2	470		127	-2	-20
70	-5	425		130	0	-25
74	-15	325				
76	-10	225				
74	-15	125				

FENSTER **BEZUGSPUNKT** — **Punkte erzeugen**

Mit Button *OK* Fenster **Bezugspunkt** schließen → Punkte werden erzeugt

5.2.3 Spline-Kurven erzeugen

MULTIFUNKTIONSLEISTE — **Spline-Kurven erzeugen**

Mit LMB Gruppenüberlauf-Schaltfläche *Bezug* und Icon *Kurve* wählen → Schaltpult erscheint

ARBEITSFENSTER — **Spline-Kurven erzeugen**

Mit LMB die Punkte selektieren, die zum ersten Spline gehören (oberste Punktereihe im Bild).

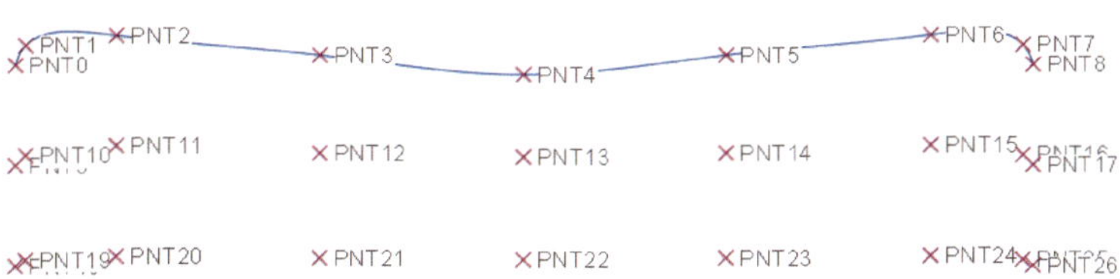

SCHALTPULT — **Spline-Kurven erzeugen**

Mit Icon ✓ SCHALTPULT schließen.

	Spline-Kurven erzeugen
Die restlichen zwei Splines auf dieselbe Weise erzeugen.	

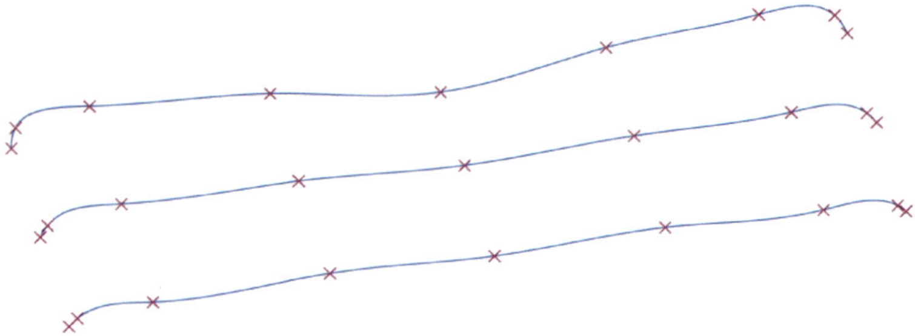

5.2.4 Spline-Kurven spiegeln

Bezugsebene erzeugen

REGISTERKARTE MODELL	**Bezugsebene erzeugen**
Mit LMB Icon *Ebene* wählen → Fenster **Bezugsebene** erscheint	
ARBEITSFENSTER	**Bezugsebene erzeugen**
Mit LMB Ebene [RIGHT] selektieren.	
FENSTER BEZUGSEBENE	**Bezugsebene erzeugen**
Versatz: <160>	
Versatz muss in Richtung der Punkte erfolgen, ggf. mit negativen Werten arbeiten.	

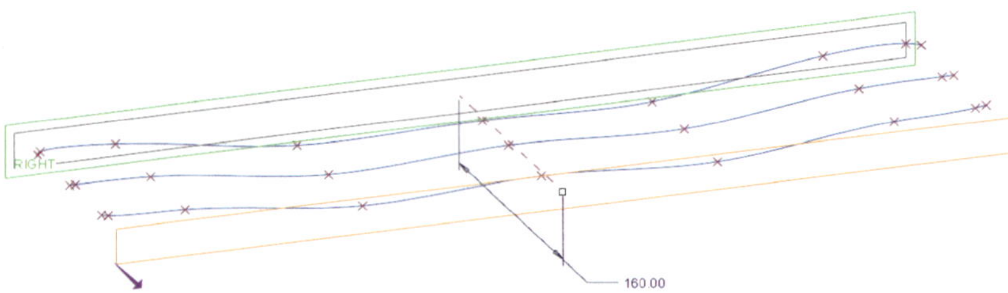

Mit Button *OK* Fenster **Bezugsebene** schließen.	

Spline-Kurven spiegeln

MODELLBAUM	**Punkte und Splines spiegeln**
Mit STRG + LMB die eben erzeugten Spline-Kurven selektieren.	
REGISTERKARTE MODELL	**Punkte und Splines spiegeln**
Mit LMB Icon Spiegeln wählen → SCHALTPULT erscheint	

ARBEITSFENSTER	**Punkte und Splines spiegeln**
Mit LMB die eben erzeugte Bezugsebene [DTM1] selektieren.	

SCHALTPULT	**Punkte und Splines spiegeln**
Mit Icon ✓ SCHALTPULT schließen.	

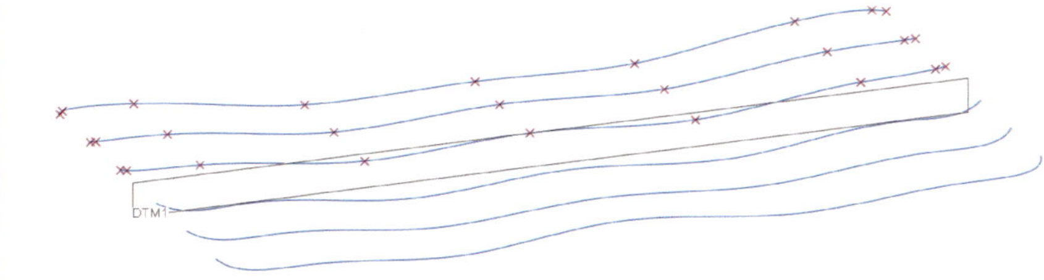

5.2.5 Kurve für die vordere Sitzkante erzeugen

Punkte erzeugen

REGISTERKARTE MODELL	**Punkte erzeugen**
Mit LMB Button *Versatz-Koordinatensystem* wählen → Fenster **Bezugspunkt** erscheint	

ARBEITSFENSTER	**Punkte erzeugen**
Mit LMB Koordinatensystem selektieren.	

FENSTER BEZUGSPUNKT	**Punkte erzeugen**
In erste leere Zelle klicken X-Wert, Y-Wert und Z-Wert entsprechend Tabelle eingeben ⇒ um einen neuen Punkt hinzuzufügen in erste freie Zelle der nächsten Zeile klicken Alle Punkte der folgenden Übersicht hinzufügen.	

Nr.	*x*	*y*	*z*
1	350	-40	475
2	350	-40	-25

FENSTER **BEZUGSPUNKT**	**Punkte erzeugen**
Mit Button *OK* Fenster **Bezugspunkt** schließen → Punkte werden erzeugt	

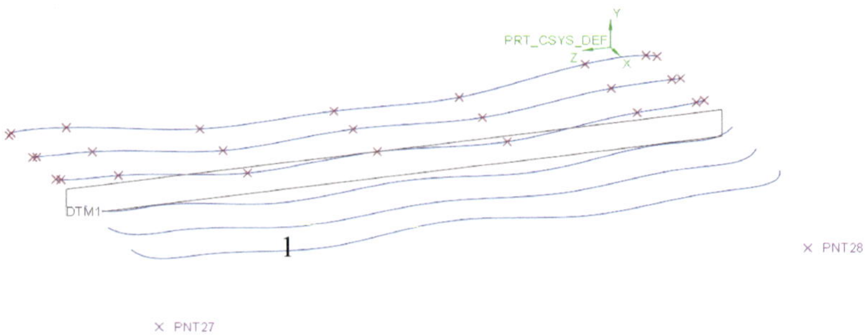

Spline-Kurve erzeugen

REGISTERKARTE MODELL	**Splinekurve erzeugen**
Mit LMB Gruppenüberlauf-Schaltfläche *Bezug* und Icon *Kurve* wählen → Schaltpult erscheint	

ARBEITSFENSTER	**Splinekurve erzeugen**
Mit LMB einen der zwei Punkte selektieren	

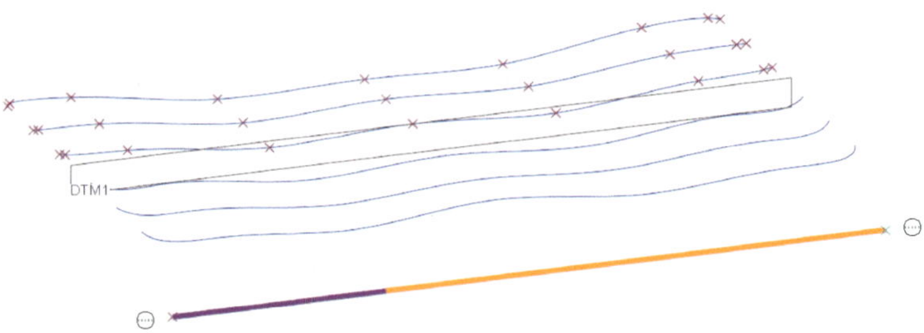

SCHALTPULT	**Splinekurve erzeugen**
Mit Icon SCHALTPULT schließen	

5.2.6 B-Spline Fläche erzeugen

REGISTERKARTE MODELL	**B-Spline Fläche erzeugen**
Mit LMB Icon *Berandungsverbund* wählen → SCHALTPULT erscheint	

ARBEITSFENSTER	**B-Spline Fläche erzeugen**
Mit STRG + LMB alle Splines selektieren.	

SCHALTPULT	**B-Spline-Flächen erzeugen**

Mit Icon SCHALTPULT schließen.

5.2.7 Sitzfläche aufdicken

ARBEITSFENSTER	**Sitzfläche aufdicken**

Mit LMB Sitzfläche selektieren.

MENÜLEISTE	**Sitzfläche aufdicken**

Mit LMB Icon *Aufdicken* wählen→ SCHALTPULT erscheint

SCHALTPULT	**Sitzfläche aufdicken**

Mit LMB Button *Optionen* wählen → Fenster **Optionen** klappt auf

FENSTER OPTIONEN	**Sitzfläche aufdicken**

Einstellungen wie im Bild wählen

Mit der Option <Manuell einpass> wird die Versatzrichtung durch die Achsen eines Koordinatensystems definiert.

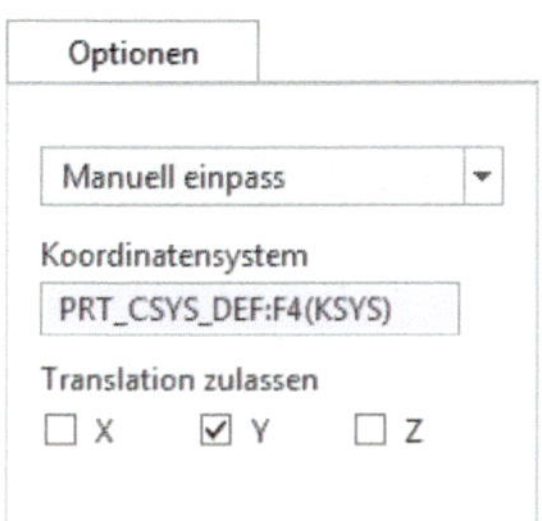

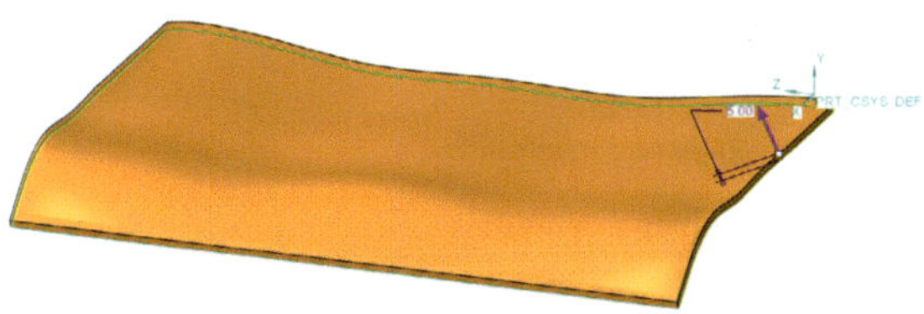

SCHALTPULT	**Sitzfläche aufdicken**

Richtung der resultierenden Geometrie umkehren betätigen, bis die Richtung der Aufdickung nach oben geht.

Versatz: <5> ⇒ ENTER

Mit Icon SCHALTPULT schließen.

5.2.8 Erzeugen der Schiene

Im letzten Schritt wird das Gegenstück zur Aufnahme des Rahmens modelliert. Vor der Modellierung ist zunächst eine Bezugsebene zu erzeugen.

Bezugsebene erzeugen

REGISTERKARTE MODELL	**Bezugsebene erzeugen**
Mit LMB Icon *Ebene* wählen → Fenster **Bezugsebene** erscheint	
ARBEITSFENSTER	**Bezugsebene erzeugen**
Mit LMB die Bezugsebene [TOP] selektieren.	
FENSTER BEZUGSEBENE	**Bezugsebene erzeugen**
Im Eingabefeld „Versatz" <10> ⇒ ENTER Überprüfen, ob Versatz in richtige Richtung erfolgt (in senkrechter Richtung nach unten), falls nicht ⇒ Richtung durch Eingabe eines negativen Versatzwertes umkehren Mit Button *OK* Fenster **Bezugsebene** schließen.	

Schiene erzeugen

REGISTERKARTE MODELL	**Schiene erzeugen**
Mit LMB Icon *Profil* wählen → SCHALTPULT erscheint	
ARBEITSFENSTER	**Schiene erzeugen**
Mit LMB Ebene [DTM2] selektieren ⇒ Icon *Skizzenansicht* wählen, um Skizze auszurichten → Skizzieransicht wird im ARBEITSFENSTER geöffnet → SKIZZIERWERKZEUGLEISTE erscheint	
ARBEITSFENSTER	**Schiene erzeugen**
Einen Rechteckquerschnitt wie in der Skizze erzeugen. 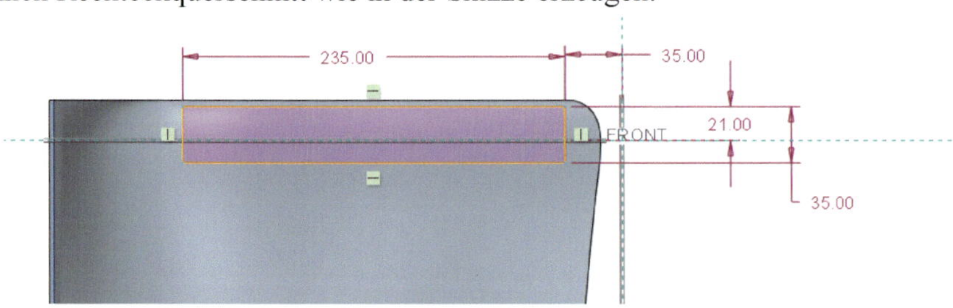 Mit Icon Skizzieransicht schließen.	

SCHALTPULT	**Schiene erzeugen**
Mit LMB Pfeil anklicken, um Tiefenoption zu wählen ⇒ die Option „Bis zu nächster Fläche extrudieren" wählen Mit Icon SCHALTPULT schließen.	

Zylinder erzeugen

REGISTERKARTE MODELL	**Zylinder erzeugen**
Mit LMB Icon *Profil* wählen → SCHALTPULT erscheint	

ARBEITSFENSTER	**Zylinder erzeugen**
Mit LMB die Stirnfläche des eben erzeugten KEs wählen.	

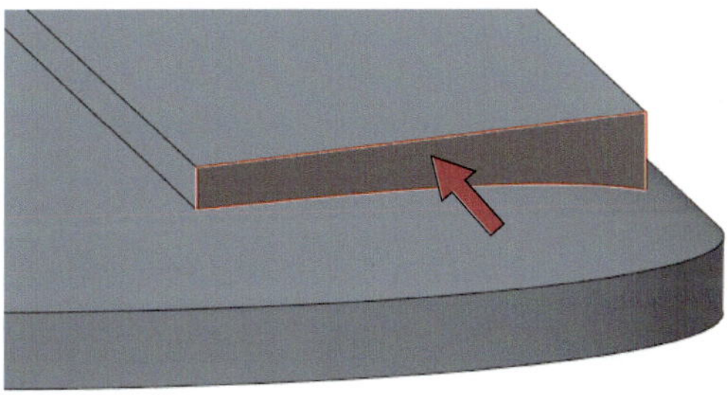

⇒ Icon *Skizzenansicht* wählen, um Skizze auszurichten

→ Skizzieransicht wird im ARBEITSFENSTER geöffnet

→ SKIZZIERWERKZEUGLEISTE erscheint

SKIZZIERWERKZEUGLEISTE	**Zylinder erzeugen**

Einen Querschnitt wie in der Skizze erzeugen.

Das Kreissegment unten mit einer horizontalen Linie schließen.

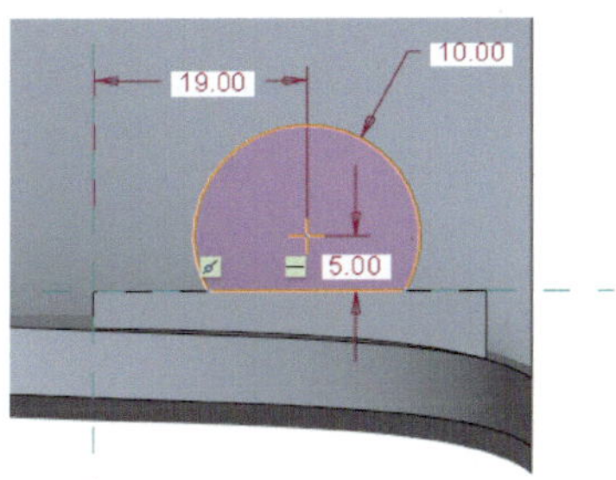

Mit Icon Skizzieransicht schließen.

SCHALTPULT	**Zylinder erzeugen**
Mit LMB Pfeil anklicken, um Tiefenoption zu wählen ⇒ die Option wählen ⇒ mit LMB die gegenüberliegende Stirnfläche der Schiene auswählen Mit Icon SCHALTPULT schließen.	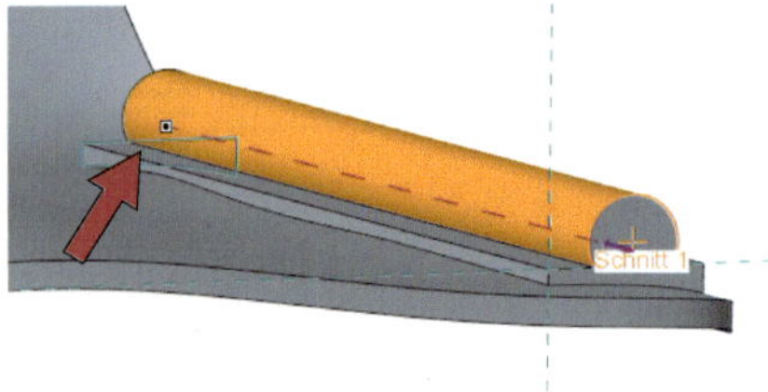

5.2.9 Schiene spiegeln (selbstständig)

Da es im Modell des Sitzkissens noch keine geeignete Ebene zum Spiegeln gibt, ist diese zunächst zu erzeugen. Dazu wird eine Bezugsebene mit einem Versatz von 225 mm zur Ebene [FRONT] erzeugt.

Damit die Spiegelkopie der Schiene auch richtig positioniert wird, ist es empfehlenswert, neben dem rechteckigen und zylindrischen Teil der Schiene auch die Ebene [FRONT] in einem Schritt zu spiegeln.

5.2.10 Sitzkissen speichern

MENÜLEISTE	**Sitzkissen speichern**
DATEI ⇒ SPEICHERN oder LMB ⇒	

5.3 Modellieren der Lehne

Vorgehensweise

- Grundfläche erzeugen
- Freiformfläche erzeugen
- Lehnenfläche aufdicken
- Aufnahme erzeugen

5.3.1 Neues Bauteil

Erzeugen eines neuen Bauteils; Name: <lehne>

5.3.2 Grundfläche erzeugen

REGISTERKARTE MODELL	**Grundfläche erzeugen**
Mit LMB Icon *Profil* wählen → SCHALTPULT erscheint	

SCHALTPULT	**Grundfläche erzeugen**

Mit LMB Icon *Profilkörper als Fläche* wählen ⇒ mit LMB Button *Platzierung* wählen ⇒ Button *Definieren...* wählen → Fenster **Skizze** erscheint

ARBEITSFENSTER	**Grundfläche erzeugen**

Mit LMB Ebene [TOP] selektieren ⇒ Icon *Skizzenansicht* wählen, um Skizze auszurichten

→ Skizzieransicht wird im ARBEITSFENSTER geöffnet

→ SKIZZIERWERKZEUGLEISTE erscheint

SKIZZIERWERKZEUGLEISTE	**Grundfläche erzeugen**

Mit LMB Icon *Linie* wählen.

ARBEITSFENSTER	**Grundfläche erzeugen**

Eine Linie entsprechend Skizze erzeugen.

Mit Icon Skizzieransicht schließen.

SCHALTPULT	**Grundfläche erzeugen**

Extrusionstiefe: <530> ⇒ ENTER

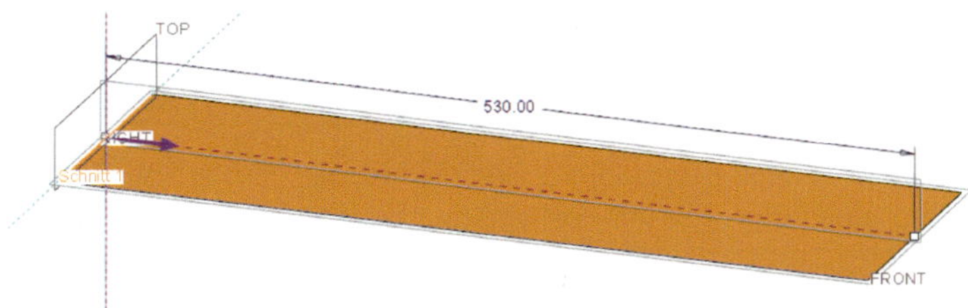

Mit Icon SCHALTPULT schließen.

5.3.3 Freiformfläche erzeugen

MENÜLEISTE	**Freiformfläche erzeugen**

Mit LMB Icon *Style* wählen → Registerkarte STIL erscheint

REGISTERKARTE STIL	**Freiformfläche erzeugen**
Mit LMB Icon *Fläche editieren* wählen → SCHALTPULT erscheint	
SCHALTPULT	**Freiformfläche erzeugen**
Mit LMB gerade erstellte Fläche selektieren ⇒ im ersten Eingabefeld „Max Zeilen“: <4> ⇒ ENTER ⇒ im zweiten Eingabefeld „Spalten“: <5> ⇒ ENTER	
ARBEITSFENSTER	**Freiformfläche erzeugen**
Knotenpunkte mit LMB gemäß der Abbildung verschieben 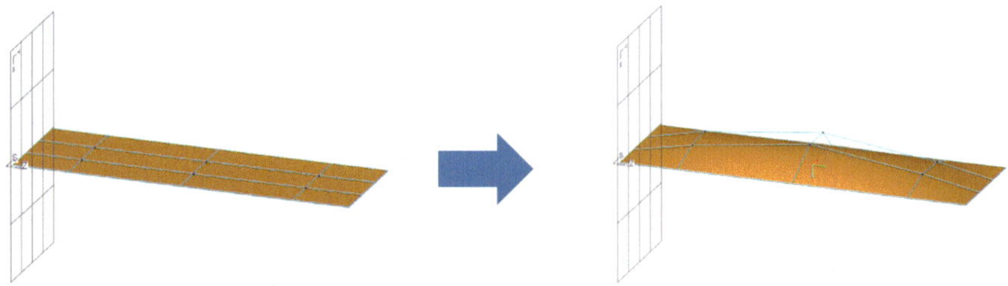	
SCHALTPULT	**Freiformfläche erzeugen**
Mit Icon SCHALTPULT schließen.	
REGISTERKARTE STIL	**Freiformfläche erzeugen**
Mit Icon Registerkarte STIL schließen.	

5.3.4 Rechteckfläche ausblenden

NAVIGATIONSBEREICH	**Rechteckfläche ausblenden**
Mit LMB Icon *Anzeigen* wählen ⇒ *Folienbaum* → im NAVIGATIONS-BEREICH wird eine Übersicht der vorhandenen Folien dargestellt	
NAVIGATIONSBEREICH	**Rechteckfläche ausblenden**
Mit LMB Icon *Folie* wählen ⇒ *Neue Folie* → Fenster **Folieneigenschaften** öffnet sich	
FENSTER **FOLIENEIGENSCHAFTEN**	**Rechteckfläche ausblenden**
Name: < UrsprFl >	
ARBEITSFENSTER	**Rechteckfläche ausblenden**
Ursprungsfläche selektieren.	

FENSTER **FOLIENEIGENSCHAFTEN**	**Rechteckfläche ausblenden**
Mit LMB Button *OK* Fenster **Folieneigenschaften** schließen	
NAVIGATIONSBEREICH	**Rechteckfläche ausblenden**
Mit LMB Folie [UrsprFl] selektieren ⇒ RMB ⇒ Ausblenden ⇒ RMB ⇒ Status speichern	
SYSTEMLEISTE	**Rechteckfläche ausblenden**
Mit LMB Icon *Anzeigen* wählen ⇒ *Modellbaum* → im NAVIGATIONS-BEREICH wird wieder der Modellbaum angezeigt	

5.3.5 Lehnenfläche aufdicken

ARBEITSFENSTER	**Lehnenfläche aufdicken**
Mit LMB verformte Lehnenfläche selektieren.	
MENÜLEISTE	**Lehnenfläche aufdicken**
Mit LMB Icon *Aufdicken* → SCHALTPULT erscheint	
SCHALTPULT	**Lehnenfläche aufdicken**
Mit LMB Button *Optionen* wählen → Fenster **Optionen** klappt auf	
FENSTER OPTIONEN	**Lehnenfläche aufdicken**
Einstellungen wie im Bild wählen Mit der Option <Manuell einpass> wird die Versatzrichtung durch die Achsen eines Koordinatensystems definiert. 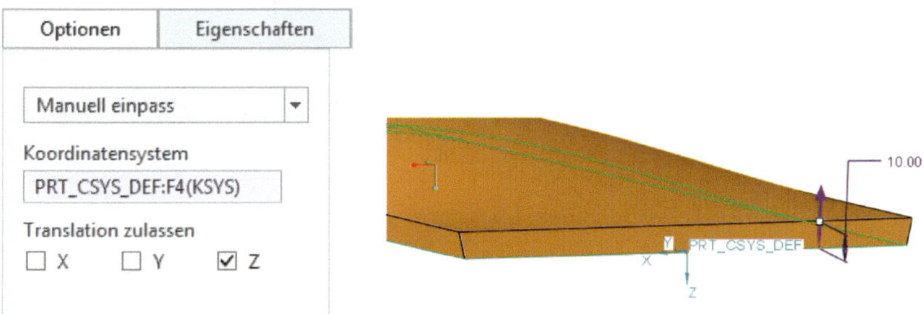	

SCHALTPULT	**Lehnenfläche aufdicken**
Die Aufdickungsrichtung soll nach oben von der Ebene [FRONT] weg zeigen (siehe Bild). Eventuell mit Icon die Richtung der Aufdickung umkehren. Versatz: <10> ⇒ ENTER Mit Icon SCHALTPULT schließen.	

5.3.6 Erzeugen der Aufnahme

Im letzten Schritt wird die Aufnahme erzeugt, welche es später erlaubt, die Lehne direkt auf den Rahmen aufzustecken. Die Schwierigkeit bei der Modellierung der Aufnahme besteht darin, dass je nach erzeugter Freiformfläche die Kontur der Lehne eine andere ist. Es ist daher eine Vorgehensweise erforderlich, die es ermöglicht, bei verschiedenen Lehnenkonturen stets ein vernünftiges Ergebnis zu erhalten. Weiterhin sollte die Vorgehensweise so gewählt sein, dass bei Änderungen der Lehnenkontur die Aufnahme automatisch „mitwandert“.

Um dies zu realisieren, werden zunächst einige Hilfselemente erzeugt, an denen anschließend die Aufnahme ausgerichtet wird.

Erste Bezugsebene erzeugen

REGISTERKARTE MODELL	**Erste Bezugsebene erzeugen**
Mit LMB Icon *Ebene* wählen → Fenster **Bezugsebene** erscheint	
ARBEITSFENSTER	**Erste Bezugsebene erzeugen**
Mit LMB die Bezugsebene [TOP] selektieren.	
FENSTER **BEZUGSEBENE**	**Erste Bezugsebene erzeugen**
Im Eingabefeld „Versatz“ <15> ⇒ ENTER	

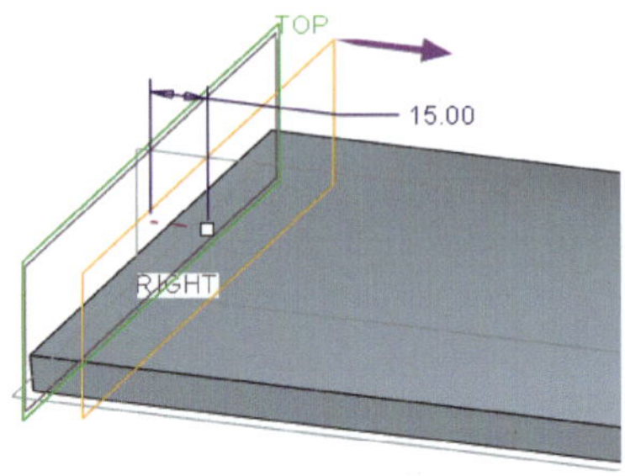

Mit Button *OK* Fenster **Bezugsebene** schließen.	

Bezugspunkt erzeugen

REGISTERKARTE MODELL	**Bezugspunkt erzeugen**
Mit LMB Icon *Punkt* wählen → Fenster **Bezugspunkt** erscheint	
ARBEITSFENSTER	**Bezugspunkt erzeugen**
Mit LMB die zuvor erzeugte Bezugsebene [DTM1] selektieren ⇒ mit STRG + LMB die Bezugsebene [RIGHT] selektieren ⇒ mit STRG + LMB die Oberfläche der Lehne (konvexe Seite) wählen	

FENSTER **BEZUGSPUNKT**	**Bezugspunkt erzeugen**
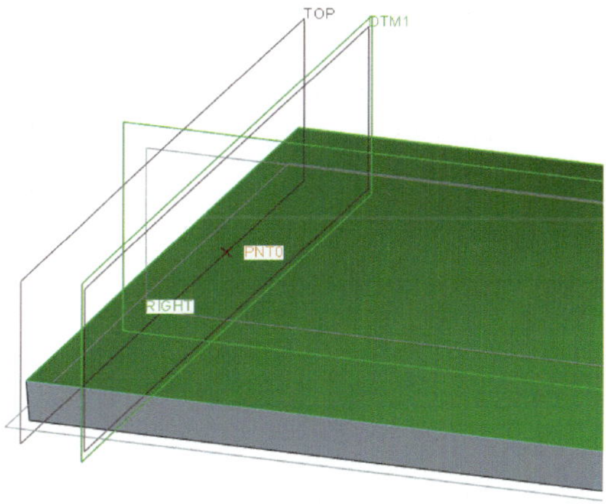	
Mit Button *OK* Fenster **Bezugspunkt** schließen.	

Zweite Bezugsebene erzeugen

REGISTERKARTE MODELL	**Zweite Bezugsebene erzeugen**
Mit LMB Icon *Ebene* wählen → Fenster **Bezugsebene** erscheint	
ARBEITSFENSTER	**Zweite Bezugsebene erzeugen**
Mit LMB die Bezugsebene [FRONT] selektieren ⇒ mit STRG + LMB den eben erzeugten Bezugspunkt selektieren	
FENSTER **BEZUGSEBENE**	**Zweite Bezugsebene erzeugen**
Ebene [FRONT]: Typ „Parallel“ Bezugspunkt: Typ „Durch“ Mit Button *OK* Fenster **Bezugsebene** schließen.	

Dritte Bezugsebene erzeugen

REGISTERKARTE MODELL	**Dritte Bezugsebene erzeugen**
Mit LMB Icon *Ebene* wählen → Fenster **Bezugsebene** erscheint	
ARBEITSFENSTER	**Dritte Bezugsebene erzeugen**
Mit LMB zuvor erzeugte Bezugsebene [DTM2] selektieren.	
FENSTER **BEZUGSEBENE**	**Dritte Bezugsebene erzeugen**
Im Eingabefeld „Versatz“ <12.5> ⇒ ENTER	

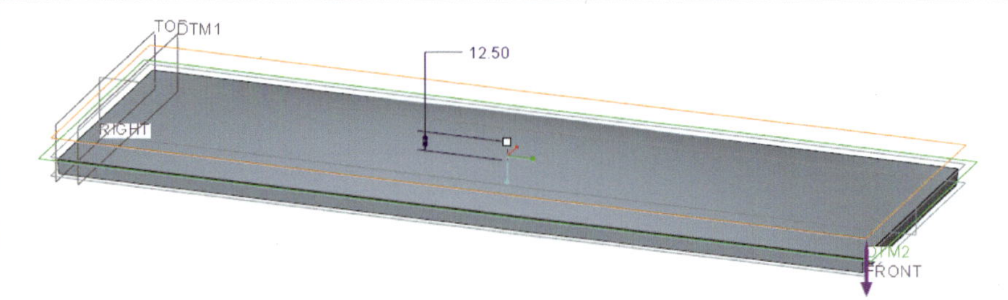

Mit Button *OK* Fenster **Bezugsebene** schließen.

Grundkörper erzeugen

REGISTERKARTE MODELL	**Grundkörper erzeugen**
Mit LMB Icon *Profil* wählen → SCHALTPULT erscheint	
SCHALTPULT	**Grundkörper erzeugen**
Mit LMB Button *Platzierung* wählen ⇒ mit LMB Button *Definieren...* wählen → Fenster **Skizze** erscheint	
ARBEITSFENSTER	**Grundkörper erzeugen**
Mit LMB Ebene [DTM3] selektieren ⇒ Icon *Skizzenansicht* wählen, um Skizze auszurichten → Skizzieransicht wird im ARBEITSFENSTER geöffnet → SKIZZIERWERKZEUGLEISTE erscheint.	
SKIZZIERWERKZEUGLEISTE	**Grundkörper erzeugen**
Mit LMB Button *Referenzen* → Fenster **Referenzen** erscheint	
ARBEITSFENSTER	**Grundkörper erzeugen**
Mit LMB Ebene [DTM1] ⇒ Fenster **Referenzen** schließen	
ARBEITSFENSTER	**Grundkörper erzeugen**
Einen Querschnitt wie in der Skizze erzeugen. 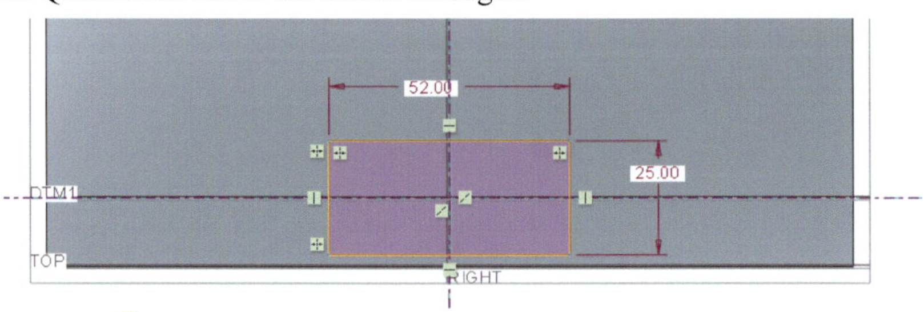 Mit Icon Skizzieransicht schließen.	

SCHALTPULT	**Grundkörper erzeugen**
Mit LMB Pfeil anklicken, um Tiefenoption zu wählen ⇒ die Option „Bis zu nächster Fläche extrudieren" wählen Mit Icon SCHALTPULT schließen.	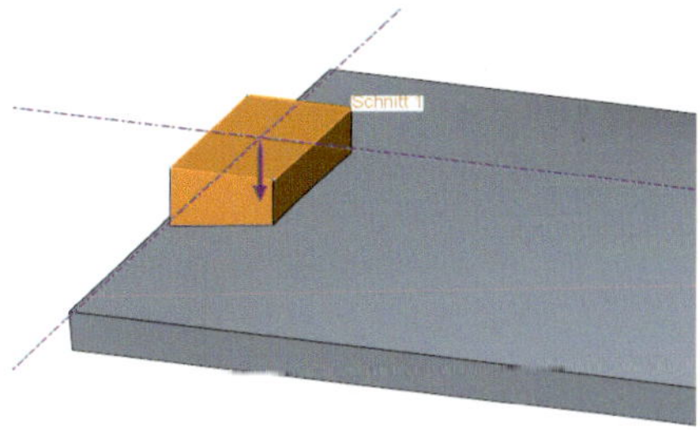

Aussparung erzeugen

REGISTER MODELL	**Aussparung erzeugen**
Mit LMB Icon *Profil* wählen → SCHALTPULT erscheint	

ARBEITSFENSTER	**Aussparung erzeugen**
Mit LMB die Stirnfläche des eben erzeugten Grundkörpers wählen ⇒ Icon *Skizzenansicht* wählen, um Skizze auszurichten → Skizzieransicht wird im ARBEITSFENSTER geöffnet → SKIZZIERWERKZEUGLEISTE erscheint	

ARBEITSFENSTER	**Aussparung erzeugen**
Einen Rechteck wie in der Skizze erzeugen. Mit Icon Skizzieransicht schließen.	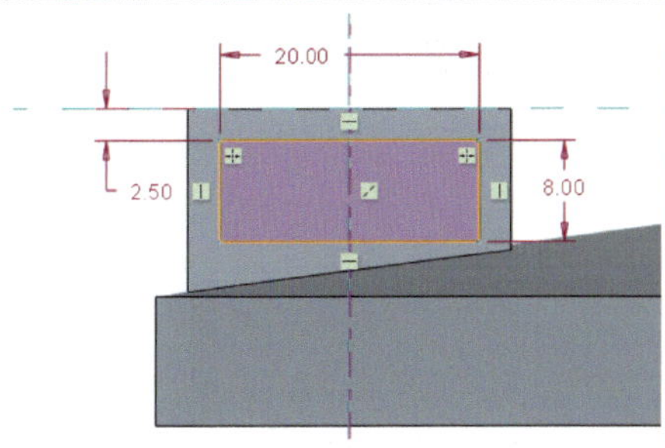

SCHALTPULT	**Aussparung erzeugen**
Tiefenwert: <50> ⇒ ENTER Die Option *MATERIAL ENTFERNEN* wählen. Mit Icon SCHALTPULT schließen.	

Bohrung erzeugen

REGISTERKARTE MODELL	**Bohrung erzeugen**
Mit LMB Icon *Bohrung* wählen → SCHALTPULT erscheint	
SCHALTPULT	**Bohrung erzeugen**
Mit LMB Button *Platzierung* wählen.	
ARBEITSFENSTER	**Bohrung erzeugen**
Mit LMB Deckfläche der Aufnahme selektieren.	
SCHALTPULT	**Bohrung erzeugen**
Platzierungsart auf <Linear> stellen ⇒ mit LMB auf Schriftzug „Hier klicken, u...“ im Fenster „Versatzreferenzen“ → Schriftzug ändert sich zu „2 Element aus...“	
ARBEITSFENSTER	**Bohrung erzeugen**
Mit LMB die Ebene DTM1 wählen ⇒ mit STRG + LMB die offene Stirnfläche des Grundkörpers wählen ⇒ mit LMB auf die Registerkarte *Platzierung* wählen→ Fenster *Platzierung* klappt auf ⇒ mit LMB „Versatz“ zur DMT1 auf „Ausrichten“ umstellen ⇒ Abstand zur Stirnfläche: <10.0> 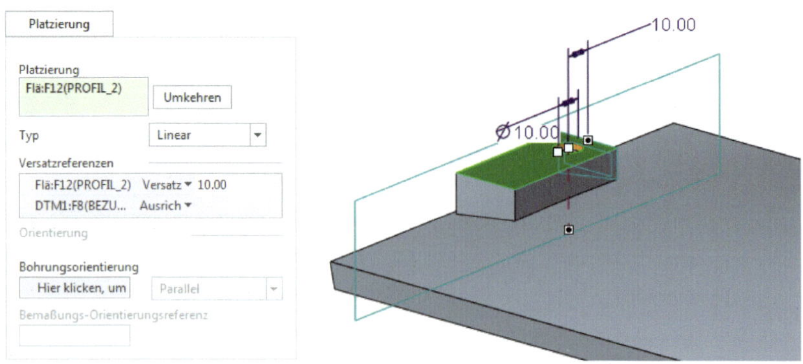	
SCHALTPULT	**Bohrung erzeugen**
Bohrungsdurchmesser: <10> ⇒ ENTER ⇒ mit LMB Pfeil anklicken, um Tiefenoption zu wählen ⇒ die Option „Bis zu nächster Fläche extrudieren“ wählen Mit Icon SCHALTPULT schließen.	

Verrundung erzeugen

REGISTERKARTE MODELL	**Verrundung erzeugen**
Mit LMB Icon *Rundung* wählen → SCHALTPULT erscheint	
ARBEITSFENSTER	**Verrundung erzeugen**
Mit STRG + LMB die Kanten, wie im Bild zu sehen, wählen.	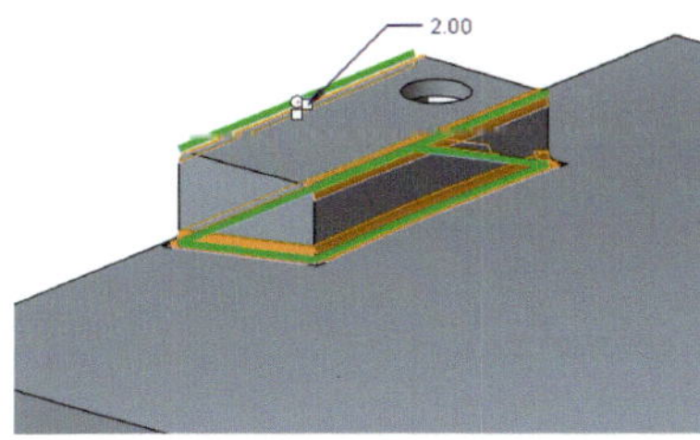
SCHALTPULT	**Verrundung erzeugen**
Radiuswert <2.00> ⇒ ENTER Mit Icon SCHALTPULT schließen.	

5.3.7 Aufnahme spiegeln (selbstständig)

Vor dem Spiegeln der Aufnahme ist eine mittige Bezugsebene zu erzeugen, welche beim Spiegeln als Spiegelebene verwendet wird. Anschließend müssen „Profil2", „Profil3", „Bohrung1" und „Rundung1" gespiegelt werden.

5.3.8 Lehne speichern

MENÜLEISTE	**Lehne speichern**
DATEI ⇒ SPEICHERN oder LMB ⇒	

5.4 Zusammenbau des Freischwingers

Vorgehensweise

- Rahmen einbauen
- Lehne einbauen
- Sitzkissen einbauen

5.4.1 Neue Baugruppe erstellen

MENÜLEISTE	**Neue Baugruppe erstellen**
DATEI ⇒ Neu → Fenster **Neu** erscheint	

FENSTER **NEU**	**Neue Baugruppe erstellen**
Typ: <Baugruppe> Untertyp: <Konstruktion> Name: <Freischwinger> Fenster **Neu** mit Button *OK* schließen	

5.4.2 Rahmen einfügen

REGISTERKARTE MODELL	**Rahmen einfügen**
Mit LMB Icon *Einbauen* wählen → Fenster **Öffnen** erscheint	
FENSTER ÖFFNEN	**Rahmen einfügen**
Bauteil „Rahmen" wählen ⇒ Button *Öffnen* → Fenster **Öffnen** wird geschlossen → SCHALTPULT erscheint	
SCHALTPULT	**Rahmen einfügen**
Wie bei der Ventilbaugruppe, so wird auch hier das erste Bauteil über die Bedingung <Standard> eingebaut. Bedingungstyp von <Automatisch> auf <Standard> ändern. Mit Icon SCHALTPULT schließen.	

5.4.3 Sitzkissen einfügen

REGISTERKARTE MODELL	**Sitzkissen einfügen**
Mit LMB Icon *Einbauen* wählen → Fenster **Öffnen** erscheint	
FENSTER **ÖFFNEN**	**Sitzkissen einfügen**
Bauteil „Sitzkissen" wählen ⇒ Button *Öffnen* → Fenster **Öffnen** wird geschlossen → SCHALTPULT erscheint	

SCHALTPULT **Rahmen einfügen**

Erste Platzierungsbedingung:

- Komponentenreferenz: Zylindermantelfläche der Schiene
- Baugruppenreferenz: Innenfläche der Bohrung der Sitzkissenaufnahme

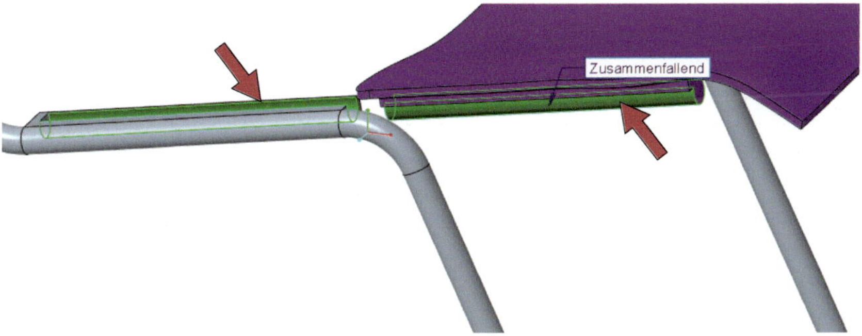

Zweite Platzierungsbedingung:

- Komponentenreferenz: Zylindermantelfläche der Schiene der zweiten Seite
- Baugruppenreferenz: Innenfläche der Bohrung der zweiten Seite

Dritte Platzierungsbedingung:

- Komponentenreferenz: Stirnfläche der Schiene
- Baugruppenreferenz: Endfläche der Bohrung der Sitzkissenaufnahme

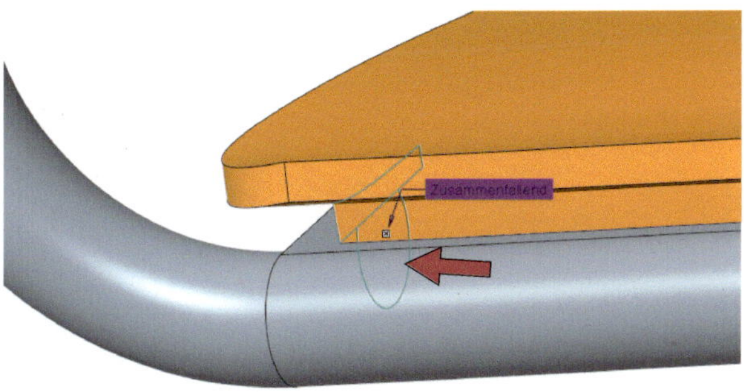

Mit Icon ✓ SCHALTPULT schließen.

5.4.4 Lehne einfügen

REGISTERKARTE MODELL	**Lehne einfügen**
Mit LMB Icon *Einbauen*  wählen → Fenster **Öffnen** erscheint	
FENSTER **ÖFFNEN**	**Lehne einfügen**
Bauteil „Lehne“ wählen ⇒ Button *Öffnen* → Fenster **Öffnen** wird geschlossen → SCHALTPULT erscheint	
SCHALTPULT	**Rahmen einfügen**
Erste Platzierungsbedingung: • Komponentenreferenz: Innenfläche der Lehnenaufnahme • Baugruppenreferenz: Fläche auf dem Quader am oberen Ende des Rahmens	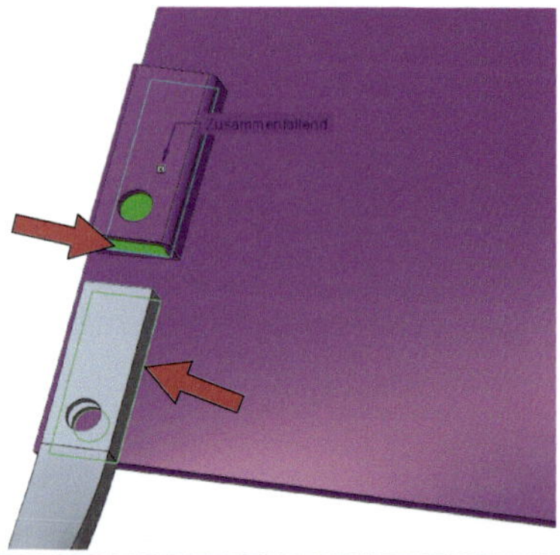
Zweite Platzierungsbedingung: • Komponentenreferenz: Seitenfläche des Quaders • Baugruppenreferenz: Seitenfläche innerhalb der Aufnahme	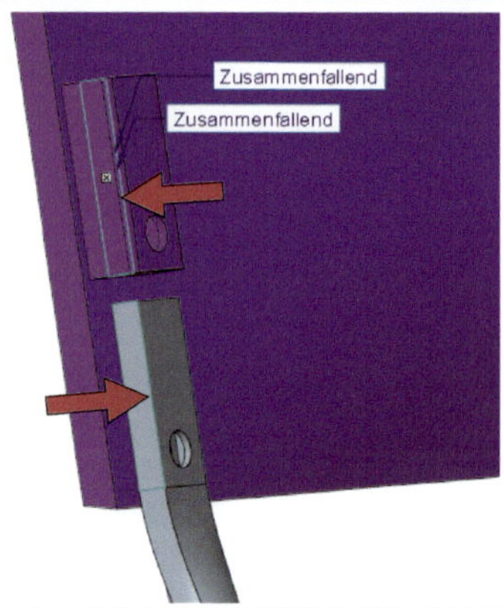

Dritte Platzierungsbedingung:

- Komponentenreferenz: Achse der Bohrung
- Baugruppenreferenz: Achse der Bohrung

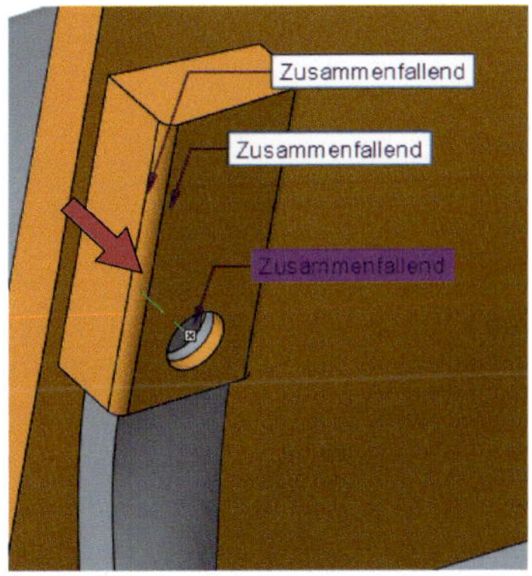

SCHALTPULT	**Lehne einfügen**
Mit Icon ✓ SCHALTPULT schließen.	

5.4.5 Speichern

MENÜLEISTE	**Lehne speichern**
DATEI ⇒ SPEICHERN oder LMB ⇒ [Speichern-Icon]	

5.5 Kontrollfragen

1. Wie können rohrförmige Geometrien einfach erzeugt werden?
2. Wie lassen sich Verbindungen zwischen unterschiedlichen Querschnitten erzeugen?
3. Wann ist es nötig zusätzliche Referenzen zum Skizzieren anzugeben?

6 Übung: Mensatasse

Am Beispiel der Mensatasse soll der Einsatz der Funktion *Zug-Verbund* gezeigt werden. Die Funktion *Zug-Verbund* stellt eine Erweiterung der bereits im Beispiel Freischwingerrahmen genutzten Funktion *Zug-KE* dar. Während diese Funktion nur einen konstanten Querschnitt zuließ, ist es mit der Funktion *Zug-Verbund* möglich, entlang der Ziehrichtung verschiedene Querschnitte zu verwenden. Es ist dabei darauf zu achten, dass die verwendeten Querschnitte dieselbe Anzahl an Elementen enthalten (Kreis: 2, Dreieck: 3, Viereck: 4, Ellipse: 2, usw.) Unterscheidet sich die Elementezahl der einzelnen Querschnitte, können diese durch den Einsatz so genannter Verbundeckpunkte verbunden werden.

Vorgehensweise

- Erzeugen des Grundkörpers
- Fase und Rundung am Tassenboden anbringen
- Hohlkörper erzeugen
- Tassenhenkel modellieren
- Rundungen anbringen

6.1 Neue Datei erzeugen

Erzeugen eines neuen Bauteils; Name: <tasse>

6.2 Grundkörper erzeugen

REGISTERKARTE MODELL	**Grundkörper erzeugen**
Mit LMB Icon *Drehen* wählen → SCHALTPULT erscheint	
ARBEITSFENSTER	**Grundkörper erzeugen**
Mit LMB Ebene [FRONT] selektieren ⇒ Icon *Skizzenansicht* wählen, um Skizze auszurichten → Skizzieransicht wird im ARBEITSFENSTER geöffnet → SKIZZIERWERKZEUGLEISTE erscheint	

SKIZZIERWERKZEUGLEISTE	**Grundkörper erzeugen**
Rotationsachse festlegen ⇒ Skizze entsprechend Bild erzeugen	

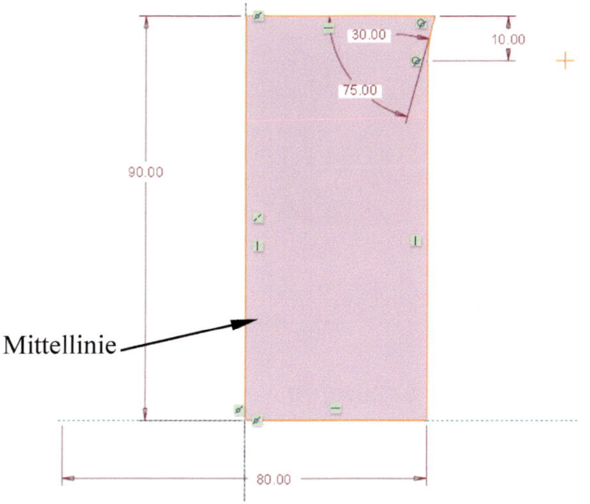

Das nächste Bild zeigt die Skizzenkontur der oberen rechten Ecke noch einmal in einem größeren Maßstab.

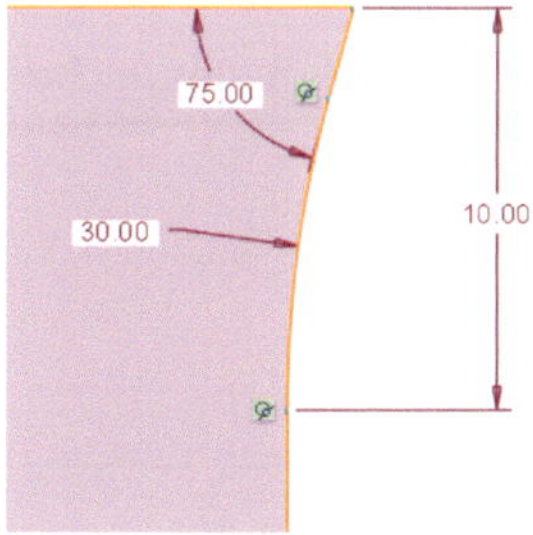

Mit Icon *OK* Skizzieransicht schließen.

SCHALTPULT	**Grundkörper erzeugen**
Angeben, um welchen Winkel der Schnitt rotiert werden soll (360° ist bereits als Standardwert vorgegeben).	

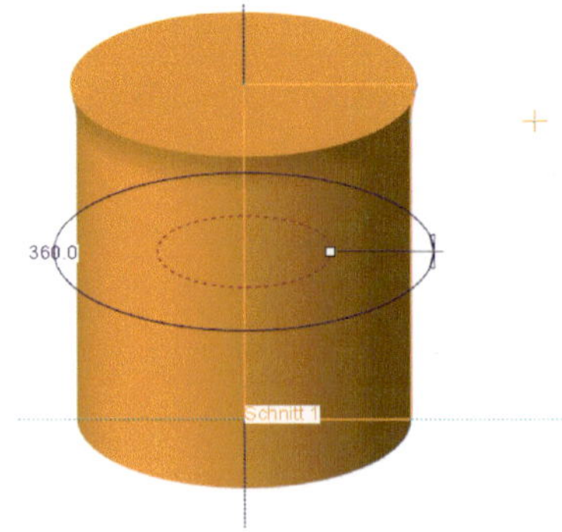

Mit Icon SCHALTPULT schließen.

6.3 Fase und Rundung erzeugen

6.3.1 Fase erzeugen

REGISTERKARTE MODELL	**Fase erzeugen**
Mit LMB Icon *Fase* wählen → SCHALTPULT erscheint	
ARBEITSFENSTER	**Fase erzeugen**
Mit LMB Kante zwischen Boden und Seitenfläche selektieren	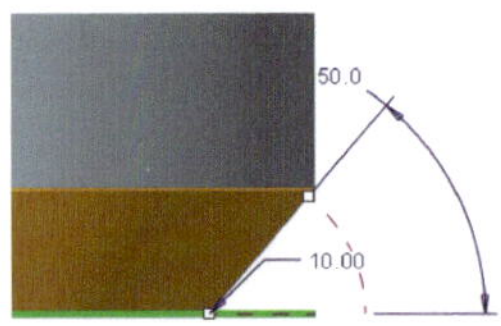
SCHALTPULT	**Fase erzeugen**
Erzeugungsart: <Winkel x D> Winkelwert: <50> ⇒ ENTER Fasenwert: <10> ⇒ ENTER Ggf. die Fasenrichtung mit der Funktion *Vom Winkel verwendete Fläche wechseln.* anpassen. Mit Icon SCHALTPULT schließen.	

6.3.2 Rundung erzeugen

REGISTERKARTE MODELL	**Rundung erzeugen**
Mit LMB Icon *Rundung* wählen → SCHALTPULT erscheint	

ARBEITSFENSTER	**Rundung erzeugen**
Mit LMB Kante zwischen Fase und Zylindermantelfläche wählen.	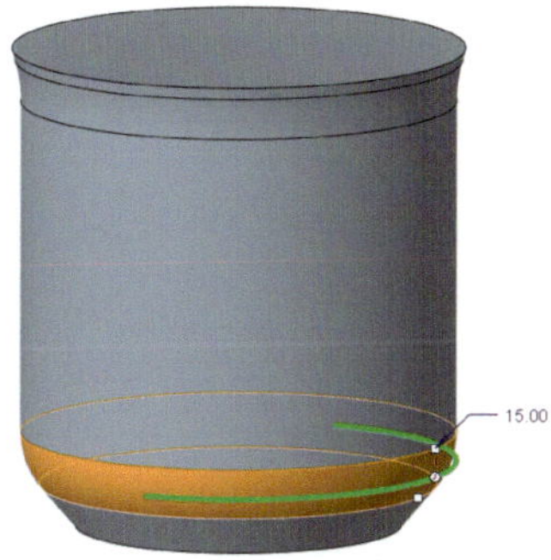

SCHALTPULT	**Rundung erzeugen**
Radiuswert <15> ⇒ ENTER Mit Icon SCHALTPULT schließen.	

6.4 Hohlkörper erzeugen

REGISTERKARTE MODELL	**Hohlkörper erzeugen**
Mit LMB Icon *Schale* wählen → SCHALTPULT erscheint	

ARBEITSFENSTER	**Hohlkörper erzeugen**
Mit LMB Deckfläche selektieren	

SCHALTPULT	**Hohlkörper erzeugen**
Dicke: <4> ⇒ ENTER Mit Icon SCHALTPULT schließen.	

6.5 Tassenhenkel modellieren

6.5.1 Leitkurve skizzieren

REGISTERKARTE MODELL	**Leitkurve skizzieren**
Mit LMB Icon *Skizze* wählen → Fenster **Skizze** erscheint	
ARBEITSFENSTER	**Leitkurve skizzieren**
Mit LMB Ebene [FRONT] selektieren.	
FENSTER **SKIZZE**	**Leitkurve skizzieren**
Mit LMB Button *Skizze* wählen → Fenster **Skizze** wird geschlossen → Skizzieransicht wird im ARBEITSFENSTER geöffnet → SKIZZIERWERKZEUGLEISTE erscheint	
ARBEITSFENSTER	**Leitkurve skizzieren**
Skizze entsprechend Bild erzeugen	

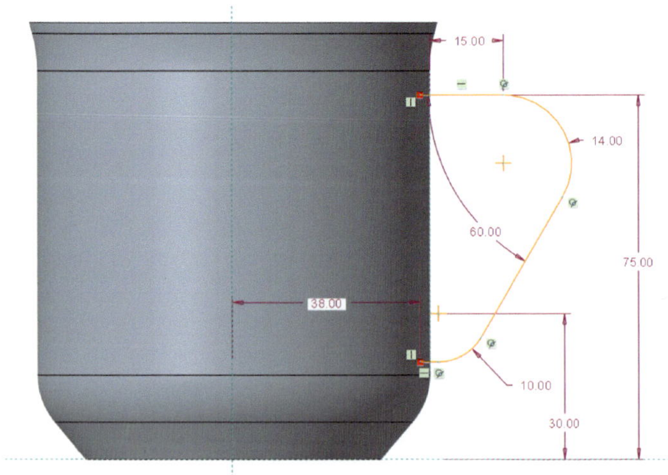

Mit Icon *OK* Skizzieransicht schließen.

6.5.2 Zug-Verbund erzeugen

MENÜLEISTE	**Zug-Verbund erzeugen**
Mit LMB Icon *Zug-Verbund* wählen → SCHALTPULT erscheint	
SCHALTPULT	**Zug-Verbund erzeugen**
Mit Icon *Volumenkörper (Körper/Schnitt) erzeugen* die Erzeugung eines Volumenkörpers aktivieren.	

ARBEITSFENSTER	**Zug-Verbund erzeugen**
Mit LMB die im vorhergehenden Schritt erzeugte Kurve selektieren.	
SCHALTPULT	**Zug-Verbund erzeugen**
Button „Schnitte“ auswählen → Fenster **Schnitte** klappt auf ⇒ „Schnitt 1“ auswählen	
ARBEITSFENSTER	**Zug-Verbund erzeugen**
Mit LMB Anfangspunkt des Schnitts auswählen. 	
SCHALTPULT	**Zug-Verbund erzeugen**
Mit LMB Button *Skizze* wählen → Skizzieransicht wird im ARBEITSFENSTER geöffnet → SKIZZIERWERKZEUGLEISTE erscheint	
SKIZZIERWERKZEUGLEISTE	**Zug-Verbund erzeugen**
Mit LMB Skizzierwerkzeug *Mittelpunkt und Achse der Ellipse* wählen. 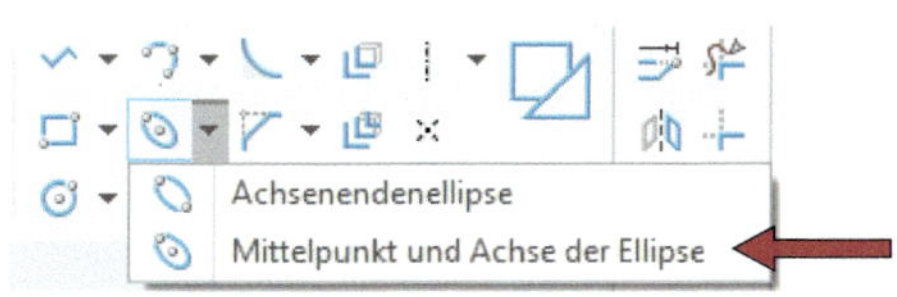	
ARBEITSFENSTER	**Zug-Verbund erzeugen**
Ellipse zeichnen (im Mittelpunkt des Fadenkreuzes)	
SKIZZIERWERKZEUGLEISTE	**Zug-Verbund erzeugen**
Mit LMB Icon *Bemaßung* |⟷| wählen	
ARBEITSFENSTER	**Zug-Verbund erzeugen**
Mit LMB Ellipse markieren ⇒ MMB → Fenster **Ellipsen-Rad** erscheint	

FENSTER **ELLIPSEN-RAD**	**Zug-Verbund erzeugen**

Hauptachse wählen ⇒ Mit LMB Button *Akzeptieren* wählen → Fenster **Ellipsen-Rad** wird geschlossen ⇒ Radiuswert R_x: <10>

Analog die Nebenachse bemaßen ⇒ Radiuswert R_y: <4>

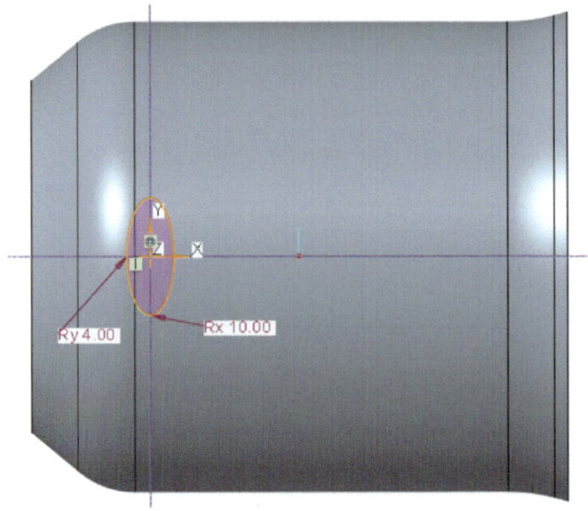

Mit Icon *OK* ✔ Skizzieransicht schließen.

SCHALTPULT	**Zug-Verbund erzeugen**

Mit LMB Button *Einfügen* betätigen, um weitere Schnitte zu erzeugen

ARBEITSFENSTER	**Zug-Verbund erzeugen**

Für jeden Schnitt mit LMB jeweils einen Punkt der Leitkurve wählen (die Punkte liegen jeweils an den Übergängen zwischen geraden und gekrümmten Bereichen der Leitkurve).

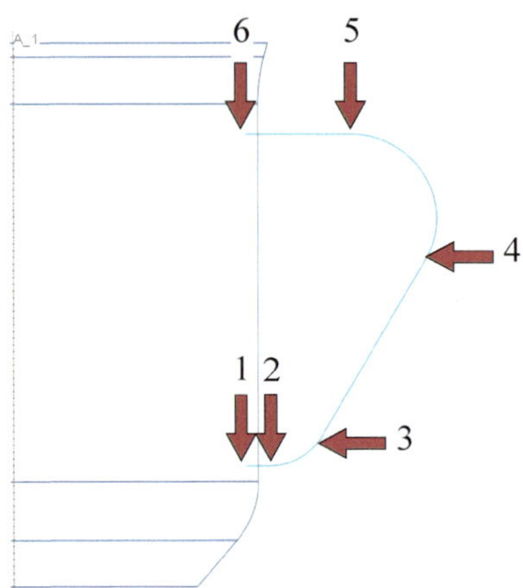

ARBEITSFENSTER	**Zug-Verbund erzeugen**

Die restlichen Schritte werden analog zur Erzeugung des ersten Schnitts bearbeitet. Die Werte für R_x und R_y können der folgenden Tabelle entnommen werden:

Nr.	R_x	R_y
1	10	4
2	9	4
3	8	4
4	7	3
5	10	4
6	10	4

Nachdem alle Schnitte erzeugt wurden: mit Icon SCHALTPULT schließen

6.5.3 Verrundung erzeugen

REGISTERKARTE MODELL	**Verrundung erzeugen**

Mit LMB Icon *Rundung* wählen → SCHALTPULT erscheint

ARBEITSFENSTER	**Verrundung erzeugen**

Mit STRG + LMB Kanten zwischen Henkel und Grundkörper sowie die Trinkkanten selektieren.

SCHALTPULT	**Verrundung erzeugen**

Radiuswert <1.5> ⇒ ENTER

Mit Icon SCHALTPULT schließen.

6.6 Tasse speichern

MENÜLEISTE	**Hebel speichern**

DATEI ⇒ SPEICHERN oder LMB ⇒

6.7 Kontrollfragen

1. Welche Angaben sind bei der Verwendung des „Schalen-Tools“ notwendig?
2. Wodurch werden bei der Erzeugung eines variablen Zugverbindungskörpers die Anzahl und Position der der möglichen Querschnitte festgelegt?

7 Übung: Scharnier

Das Bauteil Scharnier soll einen ersten Einblick in die Möglichkeiten der Blechteilmodellierung geben und einige blechspezifische Operationen demonstrieren.

Vorgehensweise

- Oberteil als Blechteil erzeugen
- Unterteil als Standardkörper erzeugen und zum Blechteil umwandeln
- Bolzen als Standardkörper erzeugen

7.1 Oberteil

7.1.1 Neue Datei erzeugen

Erzeugen eines neuen Bauteils; Untertyp *Blech*; Name <oberteil>;

7.1.2 Oberteil erzeugen

Grundkörper erzeugen

REGISTERKARTE MODELL	**Grundkörper erzeugen**
Mit LMB Icon *Profil* wählen → SCHALTPULT erscheint	
ARBEITSFENSTER	**Grundkörper erzeugen**
Mit LMB die erste Bezugsebene [FRONT] selektieren.	
ARBEITSFENSTER	**Grundkörper erzeugen**
Folgende Kontur erstellen. 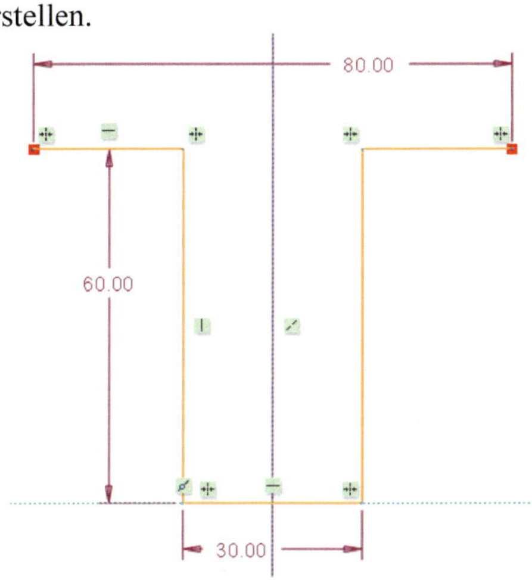 Mit Icon *OK* Skizzieransicht schließen.	

SCHALTPULT	**Grundkörper erzeugen**
Über *Materialrichtung des Profilkörpers zur anderen Seite wechseln* die Materialrichtung umschalten (die Wandstärke ist so zu wählen, dass der Zwischenraum von 30 mm erhalten bleibt). Wandstärke: <5> ⇒ ENTER auf symmetrische Werteingabe umschalten Tiefe: <50> ⇒ ENTER Mit Icon SCHALTPULT schließen.	

Kantenbiegen

MENÜLEISTE	**Kantenbiegen**
Mit LMB Icon *Kantenbiegung* wählen → SCHALTPULT erscheint	

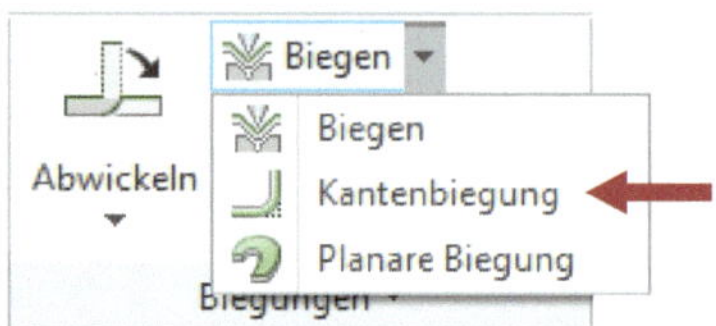

ARBEITSFENSTER	**Kantenbiegen**
Die zu biegenden Kanten (vier Kanten) selektieren.	

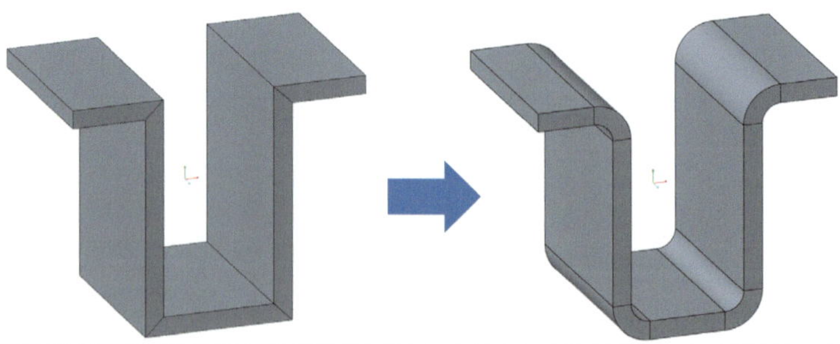

SCHALTPULT	**Kantenbiegen**
Mit Icon SCHALTPULT schließen.	

Bohrungen erzeugen (selbstständig)

Vorgehensweise

- Bohrung 1 und 2 erzeugen
- Bohrung 3 und 4 durch Spiegeln erzeugen (Positionen der Bohrungen können der folgenden Skizze entnommen werden)

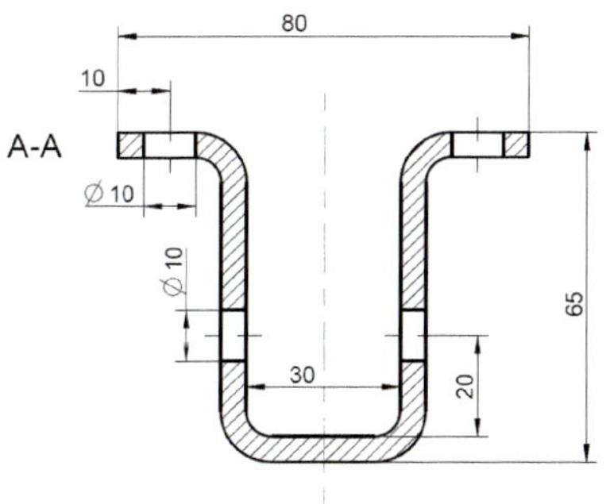

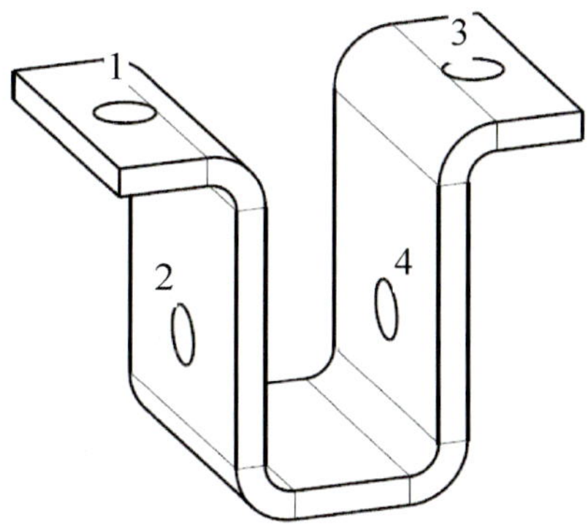

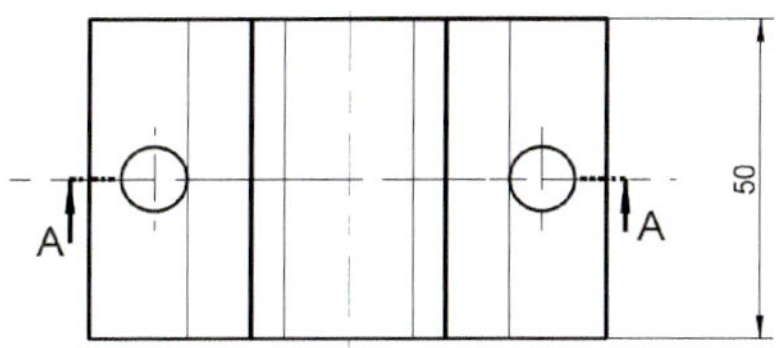

7.1.3 Abwicklung erzeugen

REGISTERKARTE MODELL	**Abwicklung erzeugen**
Mit LMB Icon *Abwickeln* wählen → SCHALTPULT erscheint	
ARBEITSFENSTER	**Abwicklung erzeugen**
Fläche wählen, die beim Abwickeln unverändert bleibt (Grundfläche wählen). 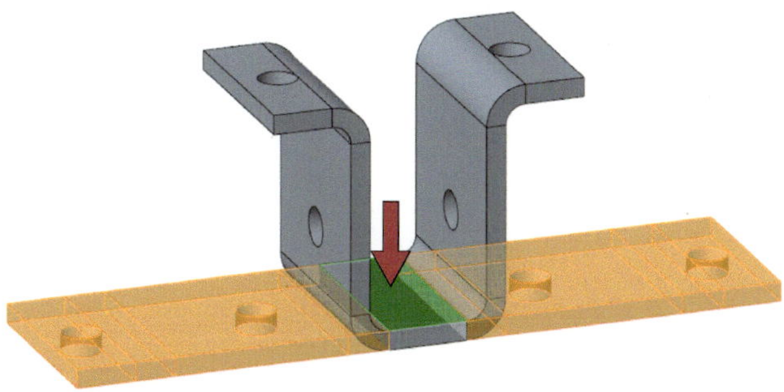	
SCHALTPULT	**Abwicklung erzeugen**
Mit Icon SCHALTPULT schließen.	

7.1.4 Oberteil speichern

MENÜLEISTE	**Oberteil speichern**
DATEI ⇒ SPEICHERN oder LMB ⇒	

7.2 Erzeugen des Unterteils

7.2.1 Neue Datei erzeugen

Erzeugen eines neuen Bauteils; Untertyp *Volumenkörper*, Name <unterteil>

7.2.2 Unterteil erzeugen

Grundkörper erzeugen (selbständig)

REGISTERKARTE MODELL	**Grundkörper erzeugen**
Mit LMB Icon *Profil* wählen → SCHALTPULT erscheint	
ARBEITSFENSTER	**Grundkörper erzeugen**
Mit LMB Ebene [FRONT] selektieren.	
ARBEITSFENSTER	**Grundkörper erzeugen**
Das Unterteil (siehe Skizze) skizzieren und um 50 mm symmetrisch extrudieren.	

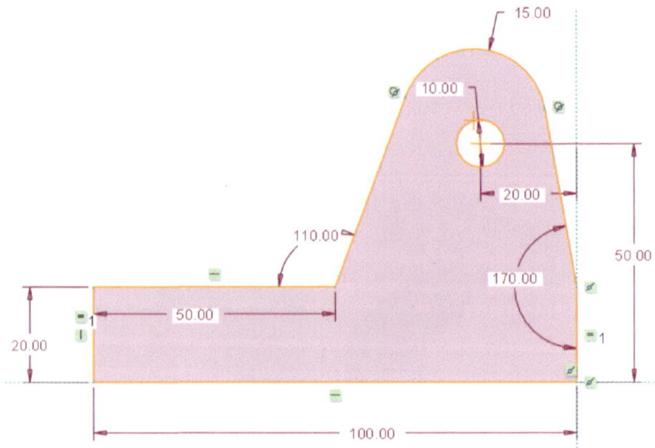

Die Mittelpunkte des Kreisbogens (R15) sowie des Kreises (Ø10) liegen **nicht** aufeinander!

Mit Icon *OK* Skizzieransicht schließen.

SCHALTPULT	**Grundkörper erzeugen**
Mit Icon SCHALTPULT schließen.	

Umwandlung in Blechteil

MENÜLEISTE	**Umwandlung in Blechteil**

OPERATIONEN ⇒ *In Blech umwandeln* → SCHALTPULT erscheint

Creo schlägt zwei Wege (Schale oder Verfahrfläche) vor, um den Volumenkörper in ein Blechteil zu überführen.

SCHALTPULT	**Umwandlung in Blechteil**

Mit LMB *Schale* wählen

ARBEITSFENSTER	**Umwandlung in Blechteil**

Mit STRG + LMB die zu entfernenden Flächen selektieren.

Die Flächen auf der Innenseite der Bohrung müssen ebenfalls selektiert werden.

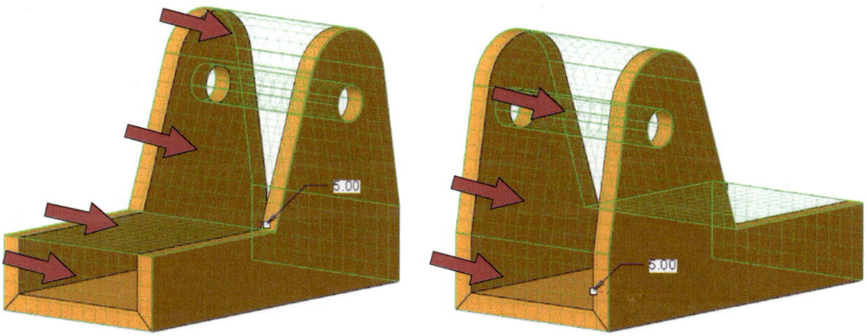

MITTEILUNGSFENSTER	**Umwandlung in Blechteil**

Dicke: <5> ⇒ ENTER ⇒ Mit Icon SCHALTPULT schließen.→ Schale wird erzeugt

Kantenbiegung erzeugen

MENÜLEISTE	**Kantenbiegung erzeugen**
Mit LMB Icon *Kantenbiegung* wählen → SCHALTPULT erscheint	
ARBEITSFENSTER	**Kantenbiegung erzeugen**
Die zu biegenden Kanten (Außenkanten) selektieren.	

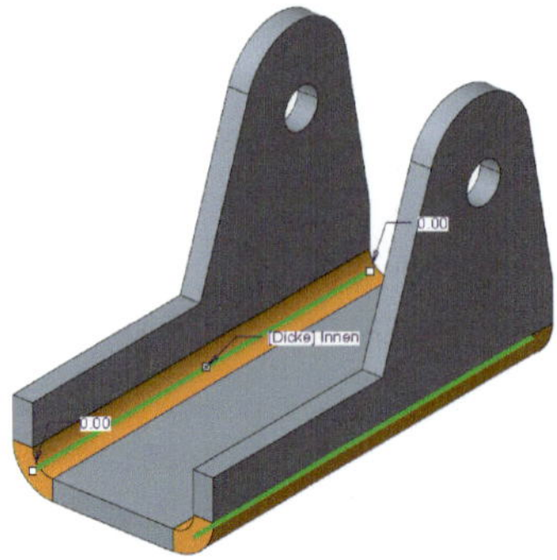

SCHALTPULT	**Kantenbiegung erzeugen**
Mit Icon SCHALTPULT schließen.	

7.2.3 Unterteil speichern

MENÜLEISTE	**Unterteil speichern**
DATEI ⇒ SPEICHERN oder LMB ⇒	

7.3 Erzeugen des Bolzens (selbstständig)

Vorgehensweise

- Erzeugen des Grundkörpers durch Rotation
- Erzeugen der Rundungen mit Verrundungstool

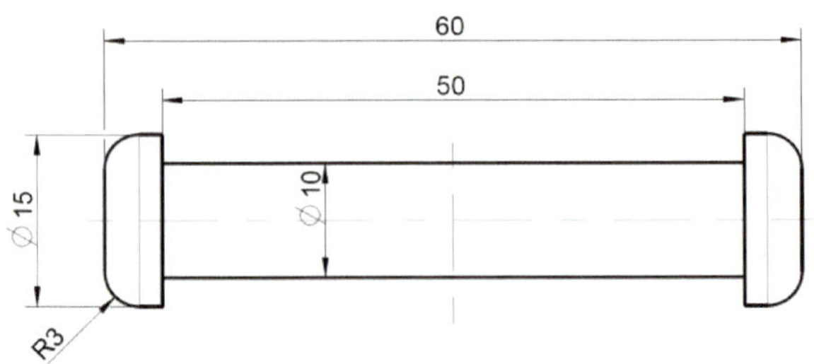

7.4 Zusammenbau des Scharniers (selbstständig)

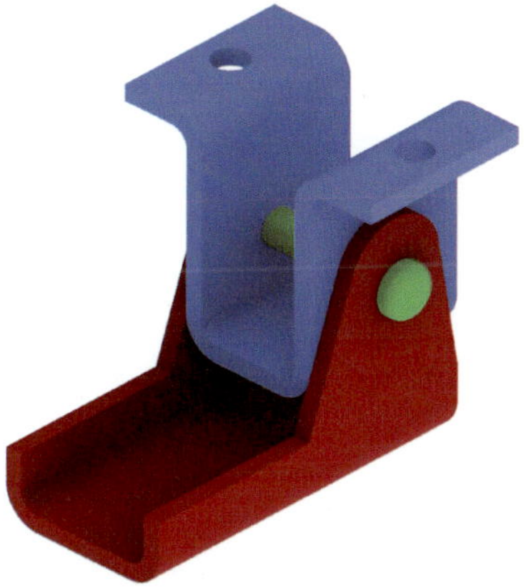

Vor dem Zusammenbau des Scharniers ist das KE *Abwicklung* im Oberteil zu unterdrücken.

7.5 Kontrollfragen

1. Wie erfolgt der Wechsel in das Modul Blech?
2. Welchen Vorteil hat das Modul „Blech“ gegenüber dem normalen Modellierungsmodus?
3. Erläutern Sie die Vorgehensweise beim Erzeugen von Abwicklungen!

8 Lösungen der Kontrollfragen

8.1 Musterlösung Übung: Hülse

1. Features ermöglichen die einfache Konstruktion komplexer Geometrien. Features verknüpfen die CAD-Geometrie mit zusätzlichen Attributen wie Fertigungshinweisen oder Materialeigenschaften.
2. Beim Erzeugen einer Rotationsskizze ist zusätzlich eine Mittellinie anzugeben, welche der Rotationsbewegung als Achse dient.
3. Zum Ändern bereits erzeugter Geometrie stehen zwei Funktion zur Verfügung:
   a. Die Funktion *Editieren* ermöglicht den schnellen Zugriff auf die während der Erzeugung festgelegten Bemaßungen. Diese werden im Arbeitsfenster dargestellt und können mit einem Doppelklick editiert werden.
   b. Die Funktion *Definition editieren* ermöglicht den Zugriff auf alle während der Erzeugung gemachten Angaben. So können zusätzlich zu den Bemaßungen die Skizzen sowie KE-spezifische Angaben geändert werden.
4. Skizzenkonturen können maßstäblich verändert werden, indem die entsprechenden Maße mit STRG + LMB ausgewählt werden und die Funktion *Ändern* verwendet wird. Dazu muss im Fenster **Bemaßungen ändern** die Funktion *Maßstab sperren* aktiviert sein.

8.2 Musterlösung Übung: Rohrzange

1. Kopien vorhandener KEs können über die Funktionen „Mustern“ oder „Spiegeln“ erzeugt werden.
2. Das Mustern ist eine sehr effiziente Methode, gleichartige KEs zu erzeugen. Die Eigenschaften des KEs müssen in seiner ersten Instanz festgelegt werden und können dort auch leicht geändert werden. Darüber hinaus bietet dieses Werkzeug vielfältige Möglichkeiten zur Verteilung der Musterelemente.
3. Es gibt die Möglichkeit Rippen mittels der KEs Rippenleitkurve und Profilrippe zu erzeugen.
4. Bei der Mustererzeugung gibt es folgende Möglichkeiten: Bemaßung, Richtung, Achse, Tabelle, Referenz, Füllen, Kurve.
5. Ein Körper im Raum hat 6 Freiheitsgrade: 3 translatorische und 3 rotatorische.
6. Eine vollständig eingebaute Komponente hat keine Freiheitsgrade.

7. Der erste Schritt der eigentlichen Zeichnungserstellung ist das Erzeugen einer Basisansicht.

8.3 Musterlösung Übung: Sattel

1. Die Erzeugung von Bauteilen mit komplizierter Außenkontur erfolgt durch Flächenmodellierung in fünf Schritten:
   - Schritt 1: Erzeugen der Bezugselemente
   - Schritt 2: Erzeugen von Bezugskurven
   - Schritt 3: Erzeugen einzelner Begrenzungsflächen möglicherweise aus Kurven
   - Schritt 4: Verschmelzen sämtlicher Begrenzungsflächen zu einem geschlossenen Flächenmodell
   - Schritt 5: Umwandlung des verschmolzenen Flächenmodells in einen Volumenkörper
2. Die Erzeugung von B-Spline-Flächen kann in drei Schritten erfolgen:
   - Schritt 1: Definition von Bezugspunkten
   - Schritt 2: Definition von B-Spline-Kurven durch Auswahl der entsprechenden Bezugspunkte
   - Schritt 3: Definition von B-Spline-Flächen durch Auswahl der entsprechenden B-Spline-Kurven
3. Fehler bei der Erzeugung von Berandungsflächen können durch die Verwendung von Steuerpunkten behoben werden.
4. Durch die Verwendung von Folien können Elemente zusammengefasst werden. Die einzelnen Elemente des Bauteils werden dadurch gegliedert und können einfacher aus- und eingeblendet werden.

8.4 Musterlösung Übung: Freischwinger

1. Rohrförmige Geometrien werden erzeugt, indem zuerst eine Kurve erzeugt wird, welche den Verlauf im Raum festlegt. Im zweiten Schritt wird der Querschnitt der rohrförmigen Geometrie definiert und dieser entlang des Splines gezogen.
2. Um eine Verbindungsfläche zwischen verschieden Querschnitten zu erzeugen, kann das Werkzeug „Berandungsverbund“ verwendet werden. Dabei ist auf Folgendes zu achten:
   - Es können nur offene mit offenen bzw. geschlossen mit geschlossenen Querschnitten verbunden werden.
   - Unsaubere Verbindungsflächen können durch das Einfügen von Steuerpunkten repariert werden.

3. Zusätzliche Referenzen müssen angegeben werden, wenn die verwendete Skizzierebene nicht orthogonal zu den Grundbezugsebenen (TOP, RIGHT, FRONT) ist. Die Referenzen sind für die von Creo automatisch durchgeführte Bemaßung erforderlich.

8.5 Musterlösung Übung: Mensatasse

1. Die Verwendung der Funktion „Schale“ erfordert zwei wesentliche Angaben:
    - Wandstärke, es können auch verschiedene Wandstärken für die einzelnen Flächen vergeben werden
    - Zu entfernende Flächen. Wird keine Fläche angegeben, wird ein geschlossener Hohlkörper erzeugt
2. Anzahl und Position möglicher Querschnitte richtet sich nach der als Leitkurve verwendeten Skizze. Standardmäßig können Querschnitte zwischen den Segmenten der Skizze erzeugt werden. Werden weitere Querschnitte benötigt, können die vorhandenen Segmente mit dem Werkzeug „Aufteilungspunkte“ weiter unterteilt werden.

8.6 Musterlösung Übung: Scharnier

1. Über den Menüpunkt „Operationen“ kann das Modul „Blech“ aufgerufen werden.
2. Die Modellierung kann mit dem Modul „Blech“ stärker prozessorientiert erfolgen, da typische Blechbearbeitungsoperationen wie Abwickeln oder das Biegen von Kanten durch Creo unterstützt werden. Weiterhin bietet dieser Modus spezielle Features wie Laschen oder Sicken, die im normalen Modellierungsmodus nur mit höherem Aufwand zu erzeugen wären. Der Modus „Blech“ ermöglicht einen beschleunigten Modellierungsprozess sowie eine Einbindung von fertigungsspezifischem Wissen in das CAD-Modell.
3. Um eine Abwicklung zu erzeugen, wird zunächst die Biegefunktion „Abwickeln“ aufgerufen. Anschließend muss die Fläche ausgewählt werden, die beim Abwickeln nicht bewegt wird.

9 Schlusswort

Die in diesem Buch dargestellten Beispiele sind künstlicher Natur. Sie sollen vor allem die Grundlagen des Arbeitens mit dem CAx-System PTC Creo vermitteln. Zur selbstständigen Vertiefung der Übungen und zur praktischen Umsetzung der Grundlagen sollte der interessierte Leser Beispiele aus seinem späteren Anwendungsbereich des CAx-Systems oder Produkte aus dem täglichen Gebrauch (Brille, Locher, Telefon, Kopfhörer usw.) auswählen und versuchen, diese ohne Anleitung zu modellieren. Hier kann zur weiteren Unterstützung das Sachwortregister oder die Online-Hilfe genutzt werden.

Zusätzliche Informationen zu Creo sind auf der Homepage der Firma Parametric Technology (http://www.ptc.com) oder in verschiedenen Foren unter http://www.cad.de zu finden. Zur weitergehenden Unterstützung bei der Modellierung von Bauteilen mit dem CAx-System PTC Creo stehen Ihnen die Autoren und der Lehrstuhl für Maschinenbauinformatik an der Otto-von-Guericke-Universität Magdeburg gern zur Verfügung (http://lmi.uni-magdeburg.de, lmi@mb.uni-magdeburg.de).

Sachwortverzeichnis

Printed by Printforce, the Netherlands